LE TRICOT

ET L'INDUSTRIE DE

LA BONNETERIE

PAR

M. AUGUSTE MORTIER

ANCIEN ÉLÈVE DE L'ÉCOLE POLYTECHNIQUE

RAPPORTEUR DU JURY DE LA CLASSE 35 A L'EXPOSITION UNIVERSELLE DE 1889

TROYES

LÉOPOLD LACROIX, LIBRAIRE-ÉDITEUR

Rue Notre-Dame, 83

—

1891

LE TRICOT

ET L'INDUSTRIE DE

LA BONNETERIE

PAR

M. AUGUSTE MORTIER

ANCIEN ÉLÈVE DE L'ÉCOLE POLYTECHNIQUE

RAPPORTEUR DU JURY DE LA CLASSE 35 A L'EXPOSITION UNIVERSELLE DE 1889

TROYES

LÉOPOLD LACROIX, LIBRAIRE-ÉDITEUR

Rue Notre-Dame, 83

—

1891

AU LECTEUR

—

Avant de me décider à livrer ces pages à l'impression, j'ai demandé conseil à un ami.

— Comment ce travail sera-t-il accueilli, lui ai-je dit; ce que j'ai écrit au courant de mes souvenirs, ce que je sais d'une industrie que j'aime et que je crois connaître, les réflexions que m'a inspirées le merveilleux spectacle de l'Exposition de 1889, tout cela, écrit sans beaucoup d'ordre, au milieu du tracas des affaires, mérite-t-il d'être conservé?

Eh bien! mon manuscrit m'est revenu avec une trop indulgente et trop aimable appréciation.

— Votre travail est très intéressant, m'a déclaré mon censeur. J'approuve pleinement les considérations générales que vous mettez en lumière et je trouve votre conclusion absolument vraie. Il faut conserver ces pages, elles en valent la peine et je leur prédis un accueil flatteur; mais pour que le lecteur voie dès les premières lignes quel a été votre but en faisant ce travail, à quelle nécessité, suivant vous, il répond, quel plan vous avez adopté et quelle sera votre conclusion, il faut lui montrer, au début du volume, le chemin que vous allez parcourir avec

lui; en un mot, une préface résumant le livre me
paraît nécessaire.

Je me soumets et j'obéis; et voilà pourquoi,
violant une règle pour me conformer à une autre,
j'écris aujourd'hui la préface d'un volume achevé
déjà depuis quelques mois.

Rapporteur du Jury de la Classe 35 de l'Exposition
Universelle de 1889, j'ai dû analyser, dans un travail d'ensemble, les impressions de mes collègues et
résumer les constatations qu'ils avaient pu faire à
propos des neuf industries qui composaient cette
classe. Homme du métier en ce qui concernait la
Bonneterie, je m'y suis attaché plus particulièrement; j'ai pensé faire pour cette industrie ce qui
n'existait pas encore; j'ai rassemblé les documents
épars de tous côtés, qui s'y rapportaient. En les
coordonnant, j'ai pu établir d'abord une sorte d'historique de l'art du Tricot et montrer ensuite comment
l'industrie de la Bonneterie en dérivait.

Les origines de celle-ci ainsi fixées, je l'ai suivie
dans ses développements successifs depuis le XVIe
siècle jusqu'à nos jours, mettant en parallèle, autant
que les limites du cadre que j'avais adopté me le
permettaient, les progrès successifs qu'elle réalisait
non-seulement en France, mais encore en Angleterre, en Allemagne, en Espagne et en Italie.

Bien entendu, je n'ai pu, dans cette voie, descendre
dans des détails tout à fait techniques, j'aurais été
entraîné trop loin; je me suis borné à des citations,
à des rappels de faits qui devront satisfaire la curio-

sité du lecteur, fabricant de bonneterie, mais qui, à coup sûr, seront insuffisants pour le praticien.

Enfin, ce travail faisant partie d'un tout plus complet qui reste la propriété de l'Etat et sera peu répandu, — je veux parler du Rapport de la classe 35, — j'ai voulu le reproduire à part, afin de le mettre plus facilement à la disposition de mes amis et de mes collègues, fabricants de bonneterie.

J'ai eu encore un autre but. En détaillant les progrès réalisés par l'industrie de la Bonneterie depuis quelque trente ans, en montrant ce qu'elle est aujourd'hui, j'ai voulu faire oublier le peu de considération qui s'attachait autrefois à l'épithète, à la profession de Bonnetier.

On juge, dit-on, d'une société par le théâtre de son époque. Or, le Bonnetier, mis en scène il n'y a pas longtemps encore, était chargé de tous les méfaits dont peut être susceptible un homme aux idées étroites, mesquines, capable de couper un fil en quatre.

Le faible horizon dans lequel il se mouvait, le travail méticuleux, d'infiniment petits, dans lequel il s'absorbait, n'étaient certes pas faits pour changer ses idées et le bonnet de coton pouvait, jusqu'à un certain point, mériter le surnom « d'éteignoir de l'intelligence. »

Heureusement pour notre époque, les choses ont changé. Le Bonnetier d'aujourd'hui est un commerçant doublé d'un industriel; il trafique au loin, il a de vastes usines, il doit connaître non-seulement

des questions purement commerciales ou industrielles, mais il a aussi devant lui la redoutable
inconnue de notre époque, le *modus vivendi* à trouver
entre le capital et le travail; plus que beaucoup
d'autres même, à cause du rôle important de la
main-d'œuvre dans la fabrication de la Bonneterie,
il est intéressé à une solution rationnelle de la question. Pour tout cela, il lui faut voir les choses de
haut et de loin, il lui faut de l'ampleur dans les
idées, il lui faut de l'initiative, de la décision, et, si
autrefois on souriait du Bonnetier, on peut dire
aujourd'hui : n'est pas Bonnetier qui veut.

Août 1890.

LE TRICOT ET LA BONNETERIE

———— ✻ ————

I

CONSIDÉRATIONS GÉNÉRALES
HISTORIQUE

————

Tricot et Bonneterie

Le mot *Bonneterie*[1] a toujours éveillé en nous un sentiment de protestation. Pourquoi le bonnet, ce simple détail du vêtement, a-t-il donné son nom à une industrie aujourd'hui si complexe et qui habille l'individu de toutes pièces? Pourquoi la partie pour le tout? Devant la nécessité d'accepter une dénomination consacrée par l'usage, nous voudrions tout au moins essayer d'en fournir une justification.

Si nous regardons autour de nous, nous trouvons des anomalies de même nature : *hosiery*, disent les Anglais, du mot *hose*, bas; *strumpfwaaren*, disent les Allemands, en se servant également du mot bas, *strumpf*. Les Italiens et les Portugais sont plus logiques : *maglieri* pour les uns, *maglia* pour les autres, sont des noms génériques, ayant un lien de

————

[1] On doit prononcer régulièrement *Bonèterie* et non *Bonn'trie* comme l'accepte l'usage.

parenté bien marqué avec notre mot *maille*, et, s'il était possible de créer chez nous une appellation nouvelle, l'expression de *maillerie* leur correspondrait exactement.

Enfin, et chose curieuse, les Espagnols placés entre les Portugais et les Italiens emploient un terme collectif particulier : *puntos*. Tout au plus pourrait-on le rapprocher du mot français *point* et y voir une allusion à la constitution du tissu à mailles. On y pourrait trouver aussi une preuve de communauté des origines de la Bonneterie et de la Dentelle : le point est, en effet, l'élément constitutif de la dentelle, comme la maille est celui du tissu de bonneterie.

Le mot propre pour désigner le tissu à mailles ne nous fait pas défaut cependant : nous avons le mot *tricot*[1]. C'est le terme générique que nous réclamons et que l'usage a sanctionné : nos grand'mères ont fait du tricot ; il ne nous arrivera jamais de dire qu'elles ont fait de la bonneterie.

Comment un mot a-t-il remplacé l'autre ? — Dans quelles conditions et à la suite de quelles circonstances la substitution s'est-elle opérée ? Un retour vers le passé va nous l'apprendre.

L'art de tricoter remonte à une époque que l'on ne saurait déterminer, et il est impossible de préciser quand, en quel

---

[1] Littré croit avec Diez que *tricoter* est pour *estricoter*, comme *pâmer* est pour *espâmer* ; il le fait dériver du mot néerlandais *strik*, maille, *strikken*, nouer.

Il en fournit aussi une autre origine. Un arrêt du Conseil, du 7 août 1718, concernant les serges, se réfère en ces termes à des lettres patentes : « le feu Roy... ayant autorisé par ses lettres patentes du mois de mars 1669 des statuts pour les manufactures des villages de Tricot et de Piennes en Picardie........ » Ainsi, dès le milieu du XVIIᵉ siècle, le village de Tricot (département de l'Oise) avait des manufactures de serges. Aurait-il fait du tricot et donné son nom au tissu à mailles ? Littré pose la question sans la résoudre ; nous n'osons nous prononcer davantage. Nous admettons plus volontiers cette troisième explication du même auteur : les écrits du XVIᵉ siècle mentionnent les « triquoteuses » et cette orthographe fait croire que tricot vient de *trique*, l'aiguille en bois, employée à cet effet, ayant été nommée *triquot* ou petite trique.

En tous cas, et quelle que soit l'origine du mot tricot, il n'est que le synonyme d'un mot plus ancien, avec un sens plus large toutefois. Nous verrons plus loin en effet que, dès le XIIIᵉ siècle, le tissu tricoté en laine avait son nom propre ; on l'appelait « l'estame. » Celui de tricot ne fut usité que plus tard ; il s'appliqua au tissu tricoté en laine, en coton ou en soie.

pays et par qui le tricotage à la main fut pratiqué pour la première fois.

Le tissu tricoté a pour caractéristique d'être produit par l'enchevêtrement de boucles ou mailles, pouvant glisser les unes sur les autres et à la formation desquelles un seul et même fil suffit ; grâce à cette mobilité relative de ses éléments constitutifs, le tissu tricoté est élastique dans tous les sens. Il tient beaucoup du tissu pour filet de pêche ; celui-ci, en effet, est également formé de mailles obtenues à l'aide d'un seul et même fil ; mais il a de plus à chaque maille des points d'arrêt ou nœuds, qui font perdre aux mailles la faculté de glisser les unes sur les autres et différencient le tissu à filet du tissu tricoté. De telles analogies permettent de supposer que les deux variétés ont pu exister presque simultanément et bien probablement on ne commettrait pas d'erreur en leur assignant la même époque d'origine. S'il en était ainsi, et quelle que soit la distance qui puisse les séparer, le tissu à filet étant connu dès la plus haute antiquité, le tissu tricoté devrait bénéficier d'une origine aussi reculée et remonter lui-même aux temps les plus anciens.

Nous avons eu la bonne fortune de pouvoir constater matériellement cette ancienneté, — disons plus, — cette antiquité. Dans une visite que nous eûmes l'occasion de faire au Musée du Louvre, en parcourant les salles réservées aux antiquités égyptiennes, nous avons, en effet, trouvé dans celle des monuments de la vie civile, au milieu de morceaux d'étoffe provenant de tombeaux, une paire de chaussettes, ou mieux de chaussons tricotés.

Nous devons à l'obligeance de M. Revillout, conservateur-adjoint du musée Egyptien, d'avoir pu l'examiner en détail ; nous croyons intéressant de transcrire ici le résultat de cet examen.

Au dire de M. Revillout, ces objets proviennent des premières fouilles faites en Egypte par Champollion ; on leur attribue 3ooo ans environ d'existence. Comme nous l'avons dit plus haut, ce sont plutôt des chaussons que des chaussettes ; ils ne devaient guère monter plus haut que la cheville ; par leur taille relativement petite, ils paraissent avoir appartenu à une personne encore jeune, probablement à un adolescent de 14 à 16 ans.

Le fil en est parfaitement filé; il est en « 2 bouts » légèrement retors; l'ensemble des 2 fils correspond à un fil n° 6 ou 8 (fil de 12 à 16.000 mètres au kilogramme).

A première vue, on ne saurait déterminer la nature de la matière première. Est-ce du lin? Est-ce de la laine? Aucun indice apparent ne permet de se prononcer. Le tissu est dur au toucher, de couleur un peu brune et semble encore imprégné des matières résineuses qui servaient à l'embaumement; le fil, en tous cas, ne présente plus aucune résistance, la fibre en tant que longueur ayant totalement disparu. C'est seulement en en brûlant quelques parcelles que nous avons reconnu l'odeur caractéristique de la laine brûlée et que nous avons pu conclure à la nature de la matière première.

La maille est relativement fine, de jauge 12 ou 14. A l'apparence du tissu, beaucoup plus élastique dans le sens de la longueur de la maille que dans celui de la largeur; à la nature de l'entremaille, très large et très prononcée, formée de parties de fil droites, on serait tenté de croire que l'on a sous les yeux plutôt un ouvrage fait au crochet qu'un ouvrage fait véritablement au tricot, c'est-à-dire avec des aiguilles à tricoter; l'assemblage du pied et de la tige paraîtrait le prouver également; mais le travail absolument tubulaire et sans couture de la tige fait repousser cette hypothèse et force au contraire à conclure à l'emploi d'aiguilles à tricoter.

La déformation de la maille dont nous parlions plus haut, et qui ne se montre réellement que dans la tige, devrait dans ce cas être simplement l'œuvre du temps.

Le chausson commence par un revers fait exactement comme celui de ces petits chaussons tricotés en laine, que la fabrique de Roanne produit en quantité pour les enfants du premier âge. Ce revers, formé de 5 à 6 rangées de mailles ordinaires, suivies d'une rangée de mailles doubles, était destiné évidemment à empêcher le tissu de se rouler et n'avait aucune propriété particulière d'élasticité.

Le talon est d'une forme toute spéciale, rappelant beaucoup le talon dit *à la religieuse*, encore usité aujourd'hui; mais la partie la plus curieuse est à coup sûr la pointe, c'est-à-dire celle qui termine le chausson; elle se compose de deux doigts, semblables à des doigts de gant, larges et courts, destinés à loger, le premier le gros orteil et le doigt suivant, le second les autres doigts. La division ainsi faite était nécessitée bien certainement par le passage de la lanière qui rattachait la sandale à la jambe.

Tel qu'il subsiste, ce débris de l'art ancien du tricot est, pour notre industrie, du plus grand intérêt. Joint à une résille que l'on peut voir dans la même salle, — résille exécutée au crochet et qui ressemble en tous points à celles qui se font aujourd'hui, — il est la preuve d'une véritable science pratique; et, si on rapproche ces deux objets des instruments de travail qui figurent à leur côté, aiguilles, poinçons, navettes à filet, absolument semblables à ceux que nous employons actuellement, on conclut forcément que les Egyptiens étaient parvenus à un degré de civilisation considérable, presqu'aussi avancée que la nôtre, si l'on en supprime les facteurs nouveaux, la vapeur et l'électricité.

En tous cas, nous trouvons ainsi, et dès les premières lignes, le moyen de justifier la meilleure opinion que nous voulons inspirer de l'art du Bonnetier. Quoi de plus intéressant, en effet, qu'une industrie vieille déjà de plus de 3000 ans ! Quelle somme de travail elle a nécessitée depuis lors ! Que d'efforts pour l'amener au point où elle se trouve aujourd'hui !

Et cependant, en continuant nos recherches à travers les âges, nous ne trouvons aucun document du même genre ; la paire de chaussons égyptiens dont nous venons de parler est un objet unique. Rien ne nous est parvenu en effet des civilisations de la Grèce ou de Rome, qui pût laisser croire que l'art du Tricot y fût pratiqué ; on n'en trouve aucun indice, ni sur leurs statues, ni dans leurs fresques, et il faut arriver presqu'aux temps modernes pour trouver de nouvelles preuves matérielles de l'existence de l'art que nous étudions.

L'abbaye de Westminster en possède un spécimen intéressant. On peut voir dans une chapelle en rotonde attenant à l'ancien cloître, au milieu d'objets trouvés dans de très anciens tombeaux d'évêques et renfermés dans une vitrine, les restes d'une paire de gants de maille fine, en soie. Malheureusement, elle ne porte ni indication ni date, et nous ne saurions dire à quelle époque elle remonte exactement.

Le pavillon des broderies anciennes à l'Exposition de 1889 renfermait un objet aussi curieux par son ancienneté. C'était une sorte de pourpoint ou gilet en soie et or, de maille relativement fine, datant du xvie siècle et de fabrication italienne. Dans cette pièce parfaitement conservée, la perfection du travail prouvait une réelle habileté de l'ouvrier ; elle laissait croire aussi à une longue pratique acquise et léguée par plusieurs générations.

Si des documents matériels nous passons aux documents écrits, nous trouvons que ceux-ci font complètement défaut, au moins jusqu'au xiiie siècle, et nous en sommes réduits, pour les temps antérieurs à cette date, à de pures présomptions. C'est en ce sens que Felkin, dans son *History of the machine wrought Hosiery and Lace manufacture*[1], donne carrière à son imagination à propos de citations d'anciens auteurs et arrive à de curieuses conclusions. Remontant jusqu'à l'*Iliade,* il signale ce passage du 3e livre où Iris se présente devant Hélène et la trouve « dans son palais, occupée à tisser un vêtement pour son propre usage. » Il s'arrête à cet autre où le poète montre Andromaque, quand on lui apporte la nouvelle de la mort d'Hector, « tissant une robe de pourpre, ornée de broderies. » Et Felkin s'empresse de comparer les difficultés que devait offrir, pour des princesses surtout, le maniement d'un métier à tisser, à chaîne et à trame, quelque primitif qu'il fût, avec les facilités du tricotage à la main ; il en conclut que Hélène et Andromaque faisaient bien véritablement du tricot.

De l'*Odyssée,* il retient l'énumération des occupations légendaires de Pénélope, passant la journée entière à fabriquer un tissu qu'elle détruisait le soir pour le recommencer le lendemain. Nul autre genre que le tricot, dit Felkin, ne pouvait se prêter à cette opération.

Enfin, il n'est pas jusqu'à la Bible qui ne lui fournisse des preuves conformes à ses désirs ; après avoir remarqué que la robe de Jésus-Christ allant au supplice était « sans couture, tissée avec lisières aux extrémités, et d'une seule pièce du

---

[1] *History of the machine wrought Hosiery and Lace manufacture,* par Felkin. Cambridge, 1867.

haut en bas », il ne voit qu'un moyen d'expliquer d'une manière satisfaisante le texte sacré, c'est de supposer que cette robe était faite en tissu tricoté.

Les preuves écrites que Felkin pense avoir ainsi fourni de l'ancienneté du tricot sont, comme nous l'annoncions, un peu fantaisistes ; néanmoins, et jusqu'au XIIIᵉ siècle, nous n'en retrouverons pas de meilleures à apporter.

M. Levasseur, dans la première partie de son *Histoire des classes ouvrières en France*[1], parle incidemment de la production des diverses parties du vêtement dans l'ancienne société romaine; il passe en revue les cordonniers et même les savetiers, les ouvrières en laine, les fileuses, les fouleurs, les tisserands et les couturières; il nous fait voir ces différents artisans travaillant dans la maison du maître et pour le maître, ou pour le public au profit du maître, qui se faisait entrepreneur d'industrie. Passant en Gaule, il nous montre cette nation adoptant la civilisation de ses vainqueurs et possédant dès les premiers siècles de l'ère chrétienne des industries florissantes. « Le pays avait de nombreuses fabriques de laine..... Langres et la Saintonge fournissaient des *luculles*, sorte de pelisses grossières, surmontées d'un capuchon, que portaient les esclaves et les gens de la dernière classe du peuple.[2] » Plus tard, au temps des Empereurs, vers le IVᵉ siècle, nous rencontrons des gynécées, manufactures d'Etat, à Arles, à Lyon, à Reims, à Tournai, à Trèves, à Metz, etc., où se tissaient les étoffes de toutes sortes, où se confectionnaient des vêtements pour l'usage du prince et la fourniture des armées[3]. Nous voyons ensuite les invasions des barbares disperser tous ces moyens de production; puis, par la force des choses et pour répondre aux exigences de la vie, ils se groupent de nouveau et au IXᵉ siècle, après le pénible enfantement du régime féodal, nous les retrouverons dans les manses seigneuriales, reconstitution exacte, au profit de l'abbaye ou du château, des manufactures d'Etat des pre-

---

[1] *Histoire des classes ouvrières en France*, par M. Levasseur, tome I, page 11 et suiv.

[2] Levasseur, *Eod. op.*, t. I, p. 24.

[3] Levasseur, *Op. cit.*, t. I, p. 37.

miers Empereurs. Les ateliers où sont employées spécialement les femmes ont repris leur ancien nom de gynécées ; comme autrefois, elles sont occupées à des travaux délicats, tels que la filature et le tissage du lin et de la laine, la teinture des étoffes, le blanchissage et la confection des vêtements[1]. A la même époque, les cloîtres ayant ouvert aux faibles un asile contre la misère et la violence, et les règles des divers ordres ayant fait du travail manuel une sorte de sanctification, la plus grande activité règne dans les monastères ; les religieuses fabriquent de leurs mains tout ce qui est nécessaire à leur subsistance et à leur entretien, depuis le pain jusqu'à la chaussure et à l'étoffe de leurs vêtements ; elles filent et teignent la laine, tissent et travaillent à l'aiguille[2].

On s'étonnera à juste titre qu'au milieu de citations si précises, si détaillées, embrassant une période de près de dix siècles, il ne s'en trouve aucune se rapportant au tricot ; toutes les industries similaires ou qui s'y rattachent par un lien quelconque, le filage, le tissage, la teinture, l'apprêt au foulon, la confection, sont nommées, mais aucune mention n'est faite du tricotage. Il est difficile d'expliquer cette omission. Les objets en tricot, en tant que vêtements de dessous, offraient-ils assez de résistance pour une époque où la vie était si rude et réclamait la solidité dans le vêtement avant toute autre qualité ? Etaient-ils, dans ces conditions, d'un bien grand usage ? Il est probable que non. Simples objets de luxe, comme le gant, ont-ils passé inaperçus par suite de leur faible importance et doivent-ils être rangés dans la catégorie des travaux dits à l'aiguille auxquels les femmes étaient plus spécialement appliquées ? Nous n'osons nous prononcer, mais nous pensons que cette supposition n'est pas éloignée de la vérité.

Quicherat, en parlant du gant, sanctionne presque cette explication. Il relève, en effet, dans une citation attribuée à un liturgiste du XIe siècle, l'expression de « gant sans couture » qui ne peut s'expliquer, dit-il, qu'avec l'hypothèse d'un gant fait au tricot.

---

[1] Levasseur. — *Eod. op.*, tome I, page 115.

[2] Id., tome I, page 140.

Les premières preuves écrites et indiscutables ayant trait à l'existence du tricot datent du XIIIᵉ siècle. « A Paris, j'emportoie chaume, busche et estain[1], » écrit un auteur de cette époque. Selon Littré, estain est là pour estame, et il définit ce mot comme il suit : « laine tricotée avec des aiguilles dont on fait des bas et d'autres pièces d'habillement. » La définition manque à coup sûr de précision. Désignait-on par estame le fil de laine spécialement employé au tricotage? Désignait-on, au contraire, le tissu tricoté lui-même ? Littré ne l'indique pas et les qualificatifs de bas, de camisoles d'estame, employés plus tard, ne nous fixent pas davantage ; mais dans les deux hypothèses, — qu'il s'agisse du produit manufacturé ou de la matière première, — il n'y en avait pas moins au XIIIᵉ siècle un terme spécial, l'*estame*, pour désigner soit l'un, soit l'autre, et nous avons ainsi une constatation authentique de l'existence du tricot à cette époque[2]. Mais d'autres documents sont plus probants encore. Selon Hermbstædt, le pape Innocent IV fut enseveli, en 1254, avec des gants tricotés en soie[3]. Puis, dans l'énumération des métiers de Paris, dont Étienne Boileau prit soin de faire enregistrer les statuts vers 1260, dans « le livre de la taille de 1292[4] » où, sur 15.200 contribuables, on en nomme 6774 payant impôt au roi et appartenant à plus de 350 professions différentes, nous voyons figurer les chapeliers de fleurs ou modistes, les chapeliers de paon ou fabricants de chapeaux de plume, les chapeliers de feutre et soie, ou fabricants de chapeaux en feutre et en soie, enfin les *chapeliers de coton*.

Les statuts des chapeliers de coton, tels qu'Etienne Boileau les a enregistrés, ne mentionnent pas exactement la nature

---

[1] Littré, — *Dictionnaire*, Verbo *estame*.

[2] Le mot grec correspondant est στημων, fil; le mot latin *stamen*, fil de quenouille. L'analogie de ces deux expressions et le passage sans aucune altération du mot catalan *estame* dans la langue provençale, puis dans la langue française, montrent tout à la fois l'ancienneté du produit, sa transmission des Grecs aux Romains, enfin son importation par ces derniers sur les côtes de la Méditerranée, en Espagne, puis en Gaule. Ce serait, à notre avis, une des meilleures preuves de l'antiquité du tricot.

[3] *Die Technologie der Wirkerei*, par Willkomm. Leipsick, 1875. Traduction anglaise par Rowlett, tome I, page 129.

[4] Levasseur, *Op. cit.*, tome I, page 331.

des objets fabriqués par les membres de cette corporation ; mais certaines annotations des textes manuscrits de l'époque les désignent aussi sous le nom de « chapeliers de gans de lainne et de Bonnets et des appartenances[1] » et nous fixent complètement à leur sujet : ils faisaient des bonnets et étaient bien les bonnetiers de l'époque.

La profession devait être de médiocre importance et de médiocre profit ; elle ne s'achetait point au roi et « quiconques veut estre chapeliers de coton à Paris, estre le puet franquement....[2] ; » elle s'exerçait aussi dans la province, en dehors de Paris, car « chapelier de coton de dehors de Paris, qui vient vendre ses denrées à Paris, a la meisme franchise de vendre à Paris, au marchié et hors marchié ainsinc comme ceus de Paris[3]. »

Quel genre de tissus employaient-ils ? Etait-ce du tissu tramé ? Etait-ce du tissu tricoté ? Les statuts sont muets sur ce point. Ils nous apprennent cependant que « quiconques est chapelier de coton, il puet ouvrer de lainne et de poil et de coton...[4] » et que cette laine doit être « droite, tondue ou peleicée, de droite seson ; car s'il ouvrait d'autre lainne, si, comme de rastin, l'œuvre et le fil qui en serait fez serait arse...[5] »

On peut se demander si cette obligation d'employer un fil de laine de qualité spéciale, bien défini et différent de celui qui servait à la confection du tissu tramé ou rastin, ne visait pas précisément l'estame déjà connu, et dont nous avons parlé. S'il en était véritablement ainsi, le tissu produit était bien du tissu tricoté. Si quelque doute existait encore, il nous suffirait de remarquer qu'en 1467 les chapeliers bonnetiers cherchèrent querelle aux merciers pour les empêcher de mettre eux-mêmes des houppes de soie aux bonnets qu'ils exposaient en vente[6].

---

[1] *Métiers et corporations de la ville de Paris*, par René de Lespinasse et François Bonnardot, page 203.

[2] *Eod. libro* : Art. I, Statuts des chapeliers de coton, page 203.

[3] Id., Art. IX, page 204.

[4] Id., Art. V et XI, page 204.

[5] Id., Art. V et XI, page 204.

[6] Levasseur, *Op. cit.*, tome II, page 86.

La houppe étant le signe caractéristique du bonnet tricoté, nous pouvons être assurés qu'à cette date la bonneterie au tricot existait déjà.

A partir de cette époque, les preuves de la fabrication des bonnets tricotés ne nous manquent point. Ainsi, en 1488, un *Act* du roi Henri VII d'Angleterre fixe à 2 sch. 8 d. le prix du bonnet en laine tricoté [1].

En 1514, les bonnetiers de Paris sont assez puissants pour remplacer les changeurs parmi les *six corps de marchands*, sorte d'aristocratie industrielle qui comptait au nombre de ses privilèges le droit d'élire le prévôt de marchands et de porter le dais à l'entrée des rois et des reines [2].

En 1527, ils se groupent en confrérie, et en 1557 ils triomphent encore des merciers en les obligeant à ne plus vendre de bonnets autrement qu'en gros [3].

Pendant ce temps, les bonnetiers de province avaient suivi, sinon précédé, leurs confrères parisiens dans ces tentatives d'organisation.

En 1505, ceux de Troyes « au nombre de huit nommés et de plusieurs autres, présentent requête à justice pour se constituer en confrérie et corporation, inclinant du tout à dévotion et ayant recordation et un singulier désir et affection à la nativité de la Haute et très excellente trésorière de grâce, la Benoiste Vierge Marie, mère de Dieu, notre Créateur [4]. »

Les statuts qui leur furent accordés fixèrent la date de la fête de la confrérie au 8 septembre, jour de la Nativité de la Vierge ; aujourd'hui encore, bien que près de quatre siècles soient écoulés depuis lors, l'usage est resté de célébrer la même fête au même jour.

Les statuts octroyés en 1505 à la confrérie des bonnetiers de Troyes avaient un caractère essentiellement religieux. En 1554, à la demande des intéressés, et après entente avec les gens du roi, ils furent modifiés et complétés à un point de vue plus technique. Les nouvelles règles visèrent la qualité de la

---

[1] Felkin, *Op. cit.*, page 16.

[2] Levasseur, *Op. cit.*, tome I, pages 482 et 483.

[3] Id., tome II, page 87.

[4] Boutiot, *Histoire de Troyes*, tome III, page 235.

laine que les bonnetiers de Troyes étaient tenus d'employer
« de bonnes laines filées au tour, droite laine, pellées, bellons
ou mère laines. » Elles définirent la qualité de la marchandise
qui devait être mise en vente, fixèrent les amendes, en cas de
contravention, établirent les conditions de l'apprentissage, etc.

Elles édictèrent enfin « que si la veuve d'un maître se re-
marie, elle ne pourra plus tenir ouvroir ni boutique dudit
métier, ni faire faire aucuns bonnets, *ni bas*, ni autres marchandises de laine...... » et « que nul ne pourra fabriquer
bonnets, *bas* et autres marchandises de laine, s'il n'est reçu
maître, à peine de 40 s. t. d'amende[1]. »

Nous avons ainsi la preuve officielle qu'en 1554 on connaissait en France le bas tricoté[2] et que, contrairement à ce qui
se passait à la même date en Angleterre où des *Acts* du Parlement de 1563 mentionnent le *hosier* ou fabricant de bas et
le *knee cap maker* ou fabricant de bonnets au tricot[3], les
bonnetiers français étaient devenus fabricants de bas ; sans
rien ajouter à leur titre, sans le modifier, ils avaient joint
peu à peu à leur industrie première du bonnet, du gant, des
mitaines et « autres appartenances, » la fabrication du bas.
Maîtres de cette fabrication et forts de la rigueur des règlements corporatifs, ils entendaient ne plus s'en dessaisir.

On peut s'étonner que les chaussiers d'alors se soient ainsi
laissé déposséder de ce qu'ils pouvaient considérer comme
un droit. Les hauts de chausses et les bas de chausses qu'ils
fabriquaient pour couvrir le haut et le bas des jambes[4], les
sous-chaux, sorte de guêtres montant jusqu'aux genoux ;

---

[1] Boutiot, *Histoire de Troyes*, tome III, page 429.

[2] Au tableau dressé en 1586 à Paris, et classant les professions par
ordre d'importance, figure dans la cinquième et dernière catégorie celle
de « rascoutreur de bas d'estame. » — Levasseur, t. II. *Pièces justificatives.*

[3] Felkin. — Page 16.

[4] Rabelais, dans *Gargantua*, décrit l'habillement que les hommes portaient au xvi⁰ siècle « les hommes estoyent habillez à leur mode chaussés
pour les bas, d'estamet* ou serge drapée. » Dans *Pantagruel*, il écrit
encore : « Panurge sort de la soute en chemise ayant seulement miz demy
bas de chausses en jambes. »

* L'estamet était une étoffe légère en laine, chaîne et trame.

les chaussons qui recouvraient le pied, étaient faits en toile, en drap ou en soie, au moyen de morceaux taillés à la mesure du pied ou de la jambe et assemblés par des coutures ; mais il ne paraît pas qu'ils aient entrepris d'en faire en tricot. Se désintéressant de ce nouveau vêtement, qui couvrait le pied et la jambe d'une seule pièce, ils continuèrent à faire les hauts de chausses, qui devinrent plus tard les culottes, et sont aujourd'hui les pantalons ; ils laissèrent aux bonnetiers le soin de faire les bas au tricot.

Réunies entre les mêmes mains, dans la même corporation, les deux industries du bonnet et du bas tricotés auraient dû, tout au moins à leurs débuts, se développer parallèlement. La fabrication du bonnet, néanmoins, prit rapidement l'avance sur celle du bas. Mieux que celle-ci, en effet, elle répondait à des besoins immédiats (Smyrne et Chypre envoyaient encore des quantités considérables de bonnets en France en 1600) [1] et la grande consommation de ces produits, assurée par leurs bas prix et leur facile production, lui donna de suite un essor considérable ; elle prit immédiatement rang parmi les industries classées de l'époque.

Dès le milieu du xv⁰ siècle, nous la trouvons fortement implantée à Marseille, où elle compte 15 fabriques et occupe 4000 ouvriers. Orléans, à la fin du xviiⁱᵉ siècle, avait des manufactures réunissant tout à la fois le cardage, le filage, la teinture, le foulonnage, le tricotage ; elles occupaient chacune de 1,500 à 1,800 ouvriers ; elles produisaient un article ayant des débouchés considérables dans les Echelles du Levant sous le nom de casquets de Tunis. C'est ainsi qu'en un siècle et demi à peine cette industrie était devenue assez florissante pour alimenter les marchés des pays dont jusqu'alors nous étions restés tributaires.

Il n'en fut pas de même de la fabrication du bas. Objets de luxe plutôt que de nécessité, les bas se portèrent selon toute probabilité concurremment avec les *sous-chaux ;* d'une production relativement difficile, ils furent coûteux à l'origine et restèrent à la portée seulement d'un petit nombre de con-

---

[1] Levasseur, *Eod. op.*, tome II, page 155 et 269. *Testament politique de Richelieu.*

sommateurs; pour ces mêmes raisons, les artisans qui les produisaient travaillaient en dehors de toutes les conditions qui caractérisent la production industrielle, et il faudra attendre jusqu'au milieu du XVIIᵉ siècle pour voir leur industrie sortir de cet état d'infériorité.

Rien d'étonnant dès lors à ce que la Bonneterie ou fabrique de bonnets ait été l'industrie caractéristique des articles faits au tricot. Les bonnets furent les premiers objets tricotés, fabriqués industriellement; les bas, les camisoles, ne vinrent que plus tard.

Notre bonneterie actuelle, mal dénommée comme on le voit, n'est donc qu'une branche de l'ancienne bonneterie ou fabrique de bonnets. Celle-ci a, pour ainsi dire, disparu avec l'usage de son principal produit, mais le nom est resté.

Actuellement, le vrai nom de notre industrie serait *chausserie* ou *chaussetterie,* car sa principale production est celle du bas : leur historique sera le même.

II

HISTORIQUE DE LA FABRICATION DES BAS

Bas

L'origine du mot *Bas* est trop claire pour que nous nous y arrêtions : le *sous-chaux* et le chausson, formant le bas de chausse du temps, réunis en une seule pièce, sont devenus notre bas actuel. Les bas de chausse étaient à l'usage des deux sexes (il existe des mentions de chausses en drap pour la reine et ses filles)[1]; aussi les bas furent, dès leur apparition, adoptés par les hommes et par les femmes.

En 1554 en France, en 1563 en Angleterre, nous avons constaté d'une manière certaine la fabrication des bas tricotés. Il n'est pas douteux qu'elle existait déjà avant ces dates dans les deux pays et, sans crainte d'erreur, on peut la faire remonter aux premières années du xvi⁰ siècle.

L'Allemagne semble ne l'avoir connue que plus tard. Sans s'arrêter à la légende qui montre le duc de Poméranie utilisant vers 1417 les loisirs de sa vieillesse à faire du tricot, Felkin[2] reporte au milieu du xvi⁰ siècle seulement les premières traditions de l'art du tricoteur en ce pays. Selon lui, on le pratiquait en 1590 à Berlin; il se serait répandu de là dans le Würtemberg. Quant à la fabrication du bas, Felkin estime qu'elle y fut importée à la suite de la révocation de l'Edit de

---

[1] *Histoire des métiers et corporations de Paris.* Introduction, page 74.

[2] Felkin, *Op. cit.,* page 519.

Nantes par des ouvriers français qui s'expatrièrent, notamment dans le Brandebourg[1].

Cette dernière assertion, toutefois, vise la fabrication du bas au métier; mais de la lutte dont il parle entre fabricants de bas aux métiers et fabricants de bas à la main, il faut conclure que ceux-ci existaient dès le commencement du xviie siècle.

Pour la Suisse, l'histoire commerciale de Bâle[2] nous apprend qu'en 1598 l'ancien chapeau de feutre bâlois ayant été remplacé par une coiffure tricotée en laine, les deux industries du bonnet et du bas tricotés avaient été implantées dans ce pays; celle du bas put bien vraisemblablement de Suisse gagner l'Allemagne; la date que nous citions plus haut se trouverait ainsi justifiée.

Quant à l'Italie, nous avons eu à l'Exposition la preuve matérielle de l'habileté de ses ouvriers tricoteurs au xvie siècle; le fabricant du gilet que nous y avons remarqué était capable de faire des bas et en connaissait certainement le mode de fabrication. On n'en saurait douter d'ailleurs après cette citation d'un auteur de cette même époque : « ....depuis que les bas de soie ras de Milan et d'estame ont eu la vogue et le cours en ce royaume[3]...... »

A la même date, l'Espagne était notablement plus avancée : ses ouvriers plus habiles, instruits peut-être par les Maures ou les Arabes, praticiens émérites dans tous les arts manuels, tricotaient des bas en maille fine; mis à la mode en France par Henri II, ils firent, dès leur apparition en Angleterre, l'émerveillement de la cour de la reine Elisabeth, où ils furent considérés comme un objet de grand luxe.

En résumé, et à quelques années près, la France, l'Italie, l'Espagne, l'Angleterre, la Suisse, l'Allemagne, connurent la fabrication du bas tricoté. Les procédés employés étaient partout les mêmes : quatre aiguilles en bois, en os, en fer ou en acier (c'était probablement dans le secret de la fabrication de ces dernières que consistait la supériorité des Espagnols), constituaient tout l'outillage de l'ouvrier bonnetier.

---

[1] Levasseur, *Op. cit.*, tome II, page 287.

[2] Bulletin de la Société industrielle de Mulhouse, juin-juillet 1889.

[3] Littré, *Dictionnaire*, verbo *estame*.

La plupart des auteurs qui ont écrit sur la bonneterie[1] sont d'accord pour attribuer à un anglais, William Lee, pasteur à Woodborough, l'invention du premier métier mécanique à bas ; l'originalité de ses organes en a fait une conception véritablement merveilleuse, grâce à laquelle la bonneterie peut revendiquer l'honneur d'avoir possédé un des premiers instruments véritablement mécaniques de travail. Lee construisit son métier en 1539 et le fit fonctionner à Calverton, près de Nottengham. La légende raconte que c'est en voyant sa fiancée continuellement absorbée dans un travail manuel de tricot qu'il conçut la première idée de sa machine ; c'est même pour perpétuer ce souvenir que sur les armes de la Compagnie de Londres figurent un métier avec un ecclésiastique d'un côté, et de l'autre une jeune fille lui présentant une aiguille à tricoter.

On est moins bien fixé sur la date et sur les circonstances à la suite desquelles le métier de Lee pénétra en France.

Il est acquis, cependant, que les premiers essais qui en furent faits remontent à l'an 1600 environ. William Lee avait vu tout d'abord son métier accueilli avec la plus grande faveur en Angleterre ; la reine Elisabeth elle-même avait encouragé ses débuts et espérait de si grands résultats de l'invention que W. Carey (Lord Hudson), son parent, se mit en apprentissage chez Lee. Mais les difficultés survinrent rapidement ; on fut effrayé de la concurrence que la nouvelle machine pouvait faire au tricotage à la main et Lee, découragé par l'indifférence de Jacques Ier, qui le délaissait, accepta les propositions de Sully et vint s'établir à Rouen. Il eut des alternatives de succès et de revers ; puis, privé de la protection royale après la mort de Henri IV, il tomba dans la misère et mourut en 1620. Son frère revint alors en Angleterre avec les ouvriers qu'il avait formés ; ils se fixèrent à Londres, qui devint ainsi et resta pendant longtemps le siège principal de la fabrication de la bonneterie en Angleterre. Le nouveau métier s'y

[1] Beckmann, *Technologie,* Gottingen, 1820 ; — Poppe, *Technologisches Lexicon,* 1820 ; — Hermbstaedt, *Grundriss der Technologie,* 1830 ; — Felkin, *History of the Hosiery and machine wrought Lace manufacture,* 1863 ; — Alcan, *Etude sur les arts textiles à l'Exposition de 1867.*

développa rapidement ; il fut mieux apprécié cette fois, et l'exportation en fut défendue sous peine de mort.

Le séjour de Lee en France avait-il été assez durable pour y implanter l'industrie du métier à bas ? Il est probable que non ; en tous cas, le départ de son frère, celui de ses propres ouvriers, de bien d'autres encore qui quittèrent la France et allèrent porter leurs connaissances au dehors[1], firent rentrer dans l'ombre, sinon tomber dans l'oubli, la nouvelle industrie.

C'est à un nommé Jean Hindret qu'appartient l'honneur de l'avoir fait revivre. Au péril de sa vie, il rapporta d'Angleterre les plans de la machine anglaise qu'il avait dressés de mémoire ; il la reproduisit et éleva la première manufacture de bas au métier au château de Madrid, dans le bois de Boulogne, en 1656.

Savary, d'après une autre version, reconnaît à un Français, dont il n'a pas gardé le nom, le mérite d'avoir inventé le métier à bas ; méconnu en France, dit-il, il aurait porté son invention en Angleterre. C'est de ce fait bien certainement qu'il faut rapprocher le récit du *Journal économique* de 1767, qui attribue cette invention à un serrurier bas-normand. Cet ouvrier aurait remis à Colbert une paire de bas de soie pour être présentée à Louis XIV ; mais les marchands bonnetiers, alarmés de cette découverte, gagnèrent un valet de chambre et lui firent couper quelques mailles qui devinrent des trous au moment où le roi les chaussa. Cet accident fit rejeter les produits de la nouvelle machine et son inventeur la porta alors en Angleterre[2].

Le même fait est raconté par Boutiot[3] qui l'attribue cette fois à Henri II. Mais si dans les deux cas l'examen des dates lui enlève toute valeur, son apparence purement anecdotique empêche aussi de lui accorder aucune créance.

Une dernière opinion fait remonter à des négociants du Midi l'honneur d'avoir enlevé à l'Angleterre le secret de la fabrica-

---

[1] En 1614, l'ambassadeur vénitien Antonio Correr avait appelé à Venise un ouvrier de Lee, nommé Mead (Felkin, p. 131).

[2] *Travaux de la Commission française sur l'industrie des nations à l'Exposition universelle de 1851*, tome V, page 54.

[3] *Histoire de Troyes*, tome IV, page 544.

tion mécanique du bas[1] ; mais émise d'une manière vague, elle n'entraîne aucune certitude. Il en est de même de l'assertion de Voltaire, écrivant dans le *Siècle de Louis XIV* : « on sait que le ministère acheta en Angleterre le secret de cette machine ingénieuse avec laquelle on fait le bas dix fois plus promptement qu'à l'aiguille. » Elle tombe aussi devant l'examen des dates.

De ces diverses versions, la première seule, en réalité, reste bien établie. C'est à William Lee lui-même qu'il faut rapporter l'importation du métier en France, et à Jean Hindret la continuation de son œuvre.

Quoi qu'il en soit, le nouveau métier avait la bonne fortune de se produire en France à une époque où tout ce qui touchait au commerce et à l'industrie était en grand honneur auprès du pouvoir royal et était l'objet de ses préoccupations. Il arrivait en plein siècle de Louis XIV, alors que Colbert, ministre tout puissant, s'était donné à tâche d'affranchir le pays de toute servitude commerciale et de l'élever, par le développement des moyens de production, au niveau des nations les plus prospères.

Création de manufactures privilégiées, encouragements de toutes sortes à l'industrie, tarifs douaniers protecteurs, Colbert mit ainsi en œuvre tout un système qui, s'il ne présentait rien d'absolument nouveau dans ses détails, n'avait jamais été appliqué avec autant de méthode et de sûreté de vues.

La bonneterie eut sa large part des soins du grand Ministre, et c'est ainsi que la manufacture de Jean Hindret attira de suite son attention.

Spécialement destinée à la production des bas de soie, elle avait eu d'heureux débuts. « Mais après quelques années de « prospérité, elle était presque entièrement tombée. Sur ces en- « trefaites, un fabricant de Lyon, Fournier, en établit une autre « à Lyon. L'année suivante, il avait déjà 15 métiers montés et « il se proposait d'en porter le nombre à 25 ; il avait obtenu « des lettres patentes du roi ; mais Hindret, dont le privilège « était antérieur, forma opposition au Parlement et prétendit

---

[1] De Colmont, *Histoire des Expositions des produits de l'industrie française.*

« faire fermer son atelier. Colbert s'interposa pour terminer la
« querelle; il confirma le privilège de Fournier et, sur le con-
« seil du prévôt des marchands, il lui prêta même 40,000 livres
« sans intérêts pour six ans, à condition qu'il aurait cent
« métiers. Puis, quelques années après, comme Fournier était
« mort en 1669 et que, d'un autre côté, la fabrique de Madrid
« dépérissait toujours, il changea l'organisation de cette
« industrie. Il érigea « en titre de maîtrise et communauté le
« métier et manufacture des bas, canons, camisoles de soie au
« métier, » et promit à chacun des deux cents premiers maî-
« tres qui se feraient recevoir deux cents livres pour acheter
« leurs métiers. Hindret eut le privilège de s'établir partout
« où il voudrait, sans se faire recevoir maître. [1]

   « Le chef-d'œuvre à produire, pour être admis maître, con-
« sistait en une paire de bas façonnés à coins et faite devant
« les jurés siégeant en la chambre de la communauté [2]. »

C'est à cette impulsion et à ces encouragements qu'il faut
attribuer les nombreuses fabriques de bas, dits bas d'Angleterre ou faits au métier, par opposition aux bas d'estame ou
faits à la main. Cette dernière fabrication se développa à la
même époque, par les soins de l'intendant Chamillart, de
Rouen, en Normandie [3], à Granville, à Coutances, à Saint-Lô,
à Caen, à Valognes, à Cherbourg, à Louviers et à Bayeux.

L'industrie du bas tricoté à la main, autant que celle du bas
fait au métier, avait attiré l'attention de Colbert. Il y vit une
ressource pour les « pauvres gens de la campagne, » et résolut
de la répandre dans toute la France. Dans ce but, il donna à
un négociant nommé Camuset le privilège de cette fabrication. Il obligea les municipalités à fournir un local pour
l'atelier et le bureau; les habitants, hommes, femmes et
enfants depuis l'âge de 10 ans, se trouvant sans occupation,
devaient s'y employer.

Camuset établit des fabriques à Villeneuve-le-Roi, à Joi-
gny, à la Charité, à la Châtre, à Vierzon, à Saint-Amand, à

---

[1] Levasseur, *Eod. libro*, tome II, page 208-209.

[2] *Travaux de la Commission française sur l'industrie des nations à
l'Exposition universelle de 1851*, tome V, page 55.

[3] Id., tome II, page 213.

Joinville, à Reims, à Clermont, à Issoudun et dans beaucoup d'autres villes. Le succès fut grand ; à Bourges, moins d'une année après l'introduction du travail, le bureau recevait, en 1667, quatre cents paires de bas par mois [1].

En même temps qu'il encourageait la fabrication à l'intérieur, Colbert la protégeait contre la concurrence étrangère par des droits de douane élevés.

Après l'édit de 1664, une douzaine de bas d'estame venant du dehors était frappée d'un droit de 3 livres 10 sols. Puis, devant les réclamations de Camuset, qui se plaignait que les bonnetiers et merciers de Paris continuaient à faire venir leurs bas de l'étranger, ces droits furent portés, en 1667, à 8 livres ; les bas de soie, à la même époque, payaient 40 sous la pièce et valaient dans le commerce 10, 12 et 15 écus la paire [2]. Mais ces droits élevés ne durèrent pas et, en 1678, après le traité de Nimègue, on revint au tarif de 1664 [3]. Néanmoins, on peut affirmer que, vers 1680, l'industrie du bas était en pleine prospérité.

La Picardie fournissait chaque année 7.000 douzaines de bas d'estame ; à la foire de Beaucaire, il s'en vendait pour 40.000 livres. La Beauce et le Berry en produisaient de grandes quantités ; Lyon et Paris fabriquaient communément le bas de soie. Comme autrefois pour le bonnet, la fabrication des bas en était arrivée à envoyer ses produits dans les pays où l'on allait les chercher un demi-siècle auparavant ; elle en exportait en Espagne et en Italie. Le système autoritaire de Colbert, les règlements qu'il avait imposés, les privilèges qu'il avait accordés, n'avaient pas laissé que de faire des mécontents. Les ouvriers qui tricotaient des bas d'estame et exerçaient librement leur industrie avant Camuset, avaient cherché à s'affranchir de sa direction.

D'un autre côté, et malgré l'ordonnance qui forçait les ouvriers au métier à n'employer que la soie, un grand nombre d'entre eux s'étaient mis à travailler la laine : la Beauce en comptait ainsi près de 400 vers 1680.

---

[1] Levasseur, *Lib. cit.*, tome II, page 212.

[2] Alcan, *Etude sur les arts textiles à l'Exposition de 1867.*

[3] Levasseur, *Op. cit.*, tome II, page 236.

Devant ces mécontentements et en présence de ces difficultés, on se décida, en 1684, à rapporter l'ordonnance qui
limitait l'emploi du métier mécanique à la soie et on permit,
à partir de cette date, aux ouvriers au métier de travailler la
laine, le poil, le coton, sous la réserve cependant que chaque
maître devait occuper encore la moitié de ses métiers à la
bonneterie de soie[1].

Malgré ces nouvelles prescriptions, le tricotage à la main
rencontrait dans le travail fait au métier une concurrence de
plus en plus redoutable et l'intendant de la Beauce disait avec
regret, en parlant de la solidité du tricot à l'aiguille, « qu'il
était à craindre que le métier ne fît tomber cette manufacture
peu à peu[2]. » La prédiction ne tarda pas à se réaliser et, en
1700, il fallut céder et reconnaître la supériorité, sinon comme
qualité, au moins comme prix de revient, du tissu fait au
métier. Le monopole accordé à Camuset disparut et une ordonnance royale autorisa la fabrication du bas au métier
dans les villes de Paris, Dourdan, Rouen, Caen, Nantes,
Oléron, Aix en Provence, Nîmes, Toulouse, Uzès, Romans,
Lyon, Metz, Bourges, Poitiers, Amiens et Reims. Troyes et
ses environs ne figurent pas dans cette nomenclature; nous
aurons l'occasion de revenir plus loin sur cette exclusion.

Les documents nous manquent pour suivre les développements de la fabrication au métier dans chacune de ces contrées.

A en juger par ce qui s'est passé à Troyes, ainsi que nous
le verrons plus loin, les débuts furent bien certainement
pénibles; mais une fois les premières difficultés vaincues, la
fabrication progressa rapidement : au métier à maille unie
était venu se joindre le métier à côte[3] et dès avant la fin du
XVIIIᵉ siècle, à en croire l'énumération faite dans l'encyclopédie
de Diderot et de d'Alembert, les ouvriers bonnetiers étaient
en mesure de produire la plupart des genres que nous con-
naissons aujourd'hui. On y lit, en effet, qu'avant 1789 on

---

[1] *Travaux de la Commission française sur l'industrie des nations à
l'Exposition universelle de 1871*, tome V, page 56.

[2] Levasseur, *Eod. op.*, tome II, page 275.

[3] Voir page 41.

fabriquait couramment le tricot sans envers, le tricot double, à mailles nouées, le tricot dentelle, guilloché, broché, à côtes de melon, peluché, chiné, à mailles coulées[1]. Tous ces produits avaient un écoulement facile, non seulement dans le pays même, mais encore au dehors : un document porte à 14 millions de paires de bas ce qui nous était acheté par l'étranger en 1744[2].

Les villes du Midi, Nîmes en tête, semblent être celles où les progrès furent les plus rapides. De bonne heure, elles se firent une spécialité de la bonneterie de soie ; elles étaient, en effet, favorisées par la proximité d'un centre de production de la matière première qu'elles utilisaient; elles devaient aussi leur succès à l'habileté de leurs ouvriers, qui avaient emprunté à leurs voisins d'Espagne des procédés depuis longtemps connus et dont nous avons parlé plus haut. Cette prospérité se trouve justifiée par les chiffres rapportés par Rolland de la Platière, qui évalue la production totale de la bonneterie en France, en 1785, à 60 millions de livres, et sur ce chiffre en attribue 28 à 30 à la bonneterie de soie[3].

Une statistique des métiers existant en France en 1788 indique :

20.000 pour la fabrication de la bonneterie de soie,
25.000   »   »   de laine,
15.000   »   »   de coton,
8.000   »   »   de lin,

Elle fournit ainsi une nouvelle preuve de la vogue des articles de soie à cette époque[4].

Troyes, avons-nous dit, n'avait pas été du nombre des villes où l'ordonnance de 1700 avait autorisé l'introduction des métiers à bas. Grand centre industriel déjà, on avait probablement voulu éviter d'ajouter une nouvelle industrie

---

[1] Alcan, *Etude sur les arts textiles à l'Exposition de 1867.*

[2] *Travaux de la Commission française sur l'industrie des nations à l'Exposition universelle de 1851,* t. V, page 56.

[3] Alcan, *Etude sur les arts textiles à l'Exposition de 1867.*

[4] *Travaux de la Commission française sur l'industrie des nations à l'Exposition universelle de 1851,* t. V. page 53.

à celles qui s'y pratiquaient alors. Néanmoins, en 1745, grâce à l'influence d'un M. Grassin, directeur général des Monnaies, seigneur d'Arcis et de Dienville, des métiers avaient été importés dans ces deux localités, réussissant à Arcis, mais échouant à Dienville. Quelques années après, en 1751, ils firent leur apparition à Troyes par les soins de l'Administration des Hospices et sous l'impulsion de M. Jean Berthelin, alors maire de la ville ; mais, comme ces machines nouvelles réclamaient des soins particuliers, que les ouvriers étaient absorbés par la tissanderie, la draperie, la tannerie et bien d'autres industries en pleine prospérité, leurs débuts furent des plus pénibles; il fallut presque les imposer, et ce furent les orphelins de l'hospice de la Trinité, à Troyes, qui furent les premiers ouvriers bonnetiers au métier[1]. Troyes n'arriva ainsi que tardivement, et dans des conditions exceptionnelles, à l'industrie de la Bonneterie. La décadence de ses autres industries, vers la fin du xviiie siècle, lui rallia bien les ouvriers inoccupés, mais l'élévation de la main-d'œuvre, conséquence des années antérieures de prospérité, la fabrication de moindre qualité, par suite de l'apprentissage trop récent ou insuffisant de ses ouvriers, la concurrence des autres centres plus avancés ou travaillant dans de meilleures conditions, comme le Midi, créèrent mille difficultés et engendrèrent plus d'un mécompte et d'une catastrophe[2]. Dans les environs de Troyes, au contraire, la fabrication était active et florissante; on y relevait, en 1787, 1715 métiers, quand la ville seule en avait à peine 5oo[3].

Nous arrivons ainsi à la fin du xviiie siècle ; nous allons trouver maintenant des documents officiels pour suivre pas à pas les développements de l'industrie qui nous intéresse. Les expositions industrielles apparaissent en effet et, en nous fournissant les manifestations graduellement ascendantes de la Bonneterie, elles nous donnent le moyen de compléter l'historique que nous avons entrepris.

[1] *Troyes et ses environs,* par Amédée Aufauvre, page 52.

[2] Id., page 53.

[3] Boutiot, *Histoire de Troyes,* tome IV, page 545.

III

LA BONNETERIE

AUX EXPOSITIONS INDUSTRIELLES

(1798-1889[1])

S'il fallait établir un lien, au point de vue commercial, entre les temps anciens que nous quittons et la période nouvelle à laquelle nous parvenons, nous le trouverions certainement en faisant un rapprochement entre les expositions industrielles que nous allons rencontrer et les grandes foires qui, du XVIᵉ au XVIIIᵉ siècle, permettaient au monde producteur d'écouler ses produits. Mettons, en effet, à côté de la marchandise la machine qui la fournit, ajoutons le concours, pour faire valoir les plus méritants et indiquer la voie du progrès, et la foire d'autrefois devient l'exposition d'aujourd'hui.

Dans le rapide examen que nous allons faire des expositions qui ont eu lieu de 1798 à 1889, nous ne retiendrons bien entendu que ce qui a trait à la bonneterie. Nous les diviserons aussi en périodes, groupant autant que possible celles qui présentent un caractère similaire ou correspondent à des époques bien tranchées de l'exposé qui nous occupe.

---

[1] Pour les Expositions qui ont eu lieu de 1798 à 1849, nous avons consulté avec fruit l'*Histoire des Expositions de l'industrie française*, par A. de Colmont. Paris, 1855.

Période de 1798 à 1806

La première Exposition eut lieu en 1798, an VI de la République. Paris et quelques départements limitrophes seuls y prirent part.

Elle réunit 110 exposants et, sur 25 récompenses accordées, disons-le de suite à son grand honneur, la Bonneterie en obtenait deux, dont une de premier ordre accordée à un fabricant de Troyes, M. Payn. Son nom mérite, à juste titre, de figurer dans une revue rétrospective de l'industrie qu'il sut si bien représenter. Les expositions qui suivirent, en 1801 et 1802, furent marquées par l'accroissement du nombre des exposants : 220 en 1801, 540 en 1802. La Bonneterie y figurait encore avec honneur. En 1801, elle obtenait deux médailles d'argent; Paris et Besançon, cette fois, furent récompensés. En 1802, elle recevait une médaille d'or et quatre médailles d'argent, décernées à des exposants de Paris, Troyes et Besançon.

Ce fut avec intention que la quatrième Exposition n'eut lieu qu'en 1806; elle réunit 1422 exposants, parmi lesquels quatre seulement appartenaient à la Bonneterie; ils obtinrent deux médailles d'argent et deux médailles de bronze. L'Exposition de 1806 paraît ainsi moins favorable à la Bonneterie que celle de 1802, mais la défaveur n'est qu'apparente; elle résulte, en effet, de la détermination prise par le gouvernement de ne pas donner, pour les mêmes objets, de nouvelles médailles aux exposants qui en avaient obtenu aux expositions précédentes, à moins qu'ils ne fussent jugés dignes de monter à une récompense supérieure.

Il nous a été impossible de relever pour ces quatre premières expositions la nature et le mérite des articles exposés, d'établir en conséquence, d'une façon bien précise, les progrès qu'ils affirmaient; mais tout porte à croire qu'ils se distinguaient par le fini de l'exécution, par le choix des matières premières, peut-être aussi par la finesse de la maille, qualités premières et fort recherchées de la bonneterie de cette époque. Nous ne trouvons non plus aucun perfectionnement à signaler dans l'outillage.

A l'Exposition de 1802, cependant, avait paru un métier à tricoter exposé par un constructeur de Lyon, M. Aubert, auquel avait été attribuée une médaille d'or. Nous verrons plus loin que ce métier était un métier circulaire.

Période de 1806 à 1819

Les événements militaires et les préoccupations politiques firent ajourner jusqu'en 1819 la nouvelle Exposition.

Elle inaugura le système des jurys d'admission, fonctionnant à raison de un par département, avec recommandation de rechercher les produits, même grossiers, qui seraient à bas prix et d'un usage général. Les expositions précédentes n'avaient réuni que les produits de certaines régions, plus ou moins voisines de Paris ; celle de 1819 fut la représentation générale de l'industrie de la France entière : plus de 6,000 objets furent soumis à l'appréciation du jury.

La bonneterie, en particulier, y figura avec tous ses produits de laine, de fil, de soie, de coton, apportés de tous les points de la France : Paris, Arras, Orléans, Marseille, Nîmes, Besançon, Moulins, Caen, Troyes, Arcis-sur-Aube, d'autres localités encore, du Tarn, des Ardennes, de l'Ardèche, des Pyrénées-Orientales, de la Somme, envoyèrent des spécimens de leur fabrication. Trente-cinq récompenses furent accordées ; sur ce nombre, Troyes en comptait deux seulement ; Arcis en avait cinq.

Cette énumération justifie la dissémination de la fabrication de la bonneterie en France, conséquence de l'ordonnance de 1700. Elle met aussi en évidence l'infériorité de la fabrication de Troyes, en retard sur les autres centres et en particulier sur celui d'Arcis.

Toutefois, il ne faudrait pas croire à une notable extension de la fabrication, en comparant le nombre des exposants de bonneterie de l'Exposition de 1819 et celui des expositions précédentes ; leur présence s'explique par la manière dont avait été stimulé le zèle des producteurs dans tous les départements, grâce aux jurys d'admission, mais elle ne révèle aucune force nouvelle de production. Le jury le constate en disant que, si

3

la fabrication des objets exposés est toujours satisfaisante, il n'y a d'améliorations à signaler que celles des matières premières employées ; il est muet sur celles de l'outillage, à part toutefois une note relative à un exposant de Paris, M. Favreau, « déjà connu pour avoir ajouté des perfectionnements au métier à fabriquer le bas de coton. » La bonneterie, à cette époque, paraît donc être restée dans une sorte de *statu quo*, conséquence immédiate d'ailleurs du manque de cohésion de ses forces productives.

Période de 1819 à 1834

Les mêmes raisons vont persister avec les mêmes effets dans la période de temps qui s'écoule de 1819 à 1834. Les rapports des jurys aux expositions de 1823, 1827 et 1834, et le nombre des récompenses accordées nous en fournissent la preuve.

C'est ainsi qu'à l'Exposition de 1823 nous ne trouvons plus que 22 exposants récompensés, au lieu de 35 en 1819. En 1827, nous en comptons encore 23[1]. En 1834, enfin, le nombre s'en élève à 24. Quant aux appréciations des jurys, elles justifient pour chacune de ces expositions l'état de stagnation dans lequel se trouve la bonneterie. « La bonneterie ordinaire continue à pourvoir convenablement aux besoins de la consommation intérieure, dit le Rapporteur de 1823, mais elle n'offre pas de perfectionnements notables depuis la dernière Exposition. »

« Les progrès de la bonneterie se résument dans les améliorations du filage, » écrivent les Rapporteurs de 1827 et de 1834.

Seule, la bonneterie dite orientale était en voie de progression. En 1832, elle obtenait deux médailles d'argent sur trois qui étaient attribuées à la bonneterie ; en 1827, trois sur quatre ; enfin, en 1834, un rappel de médaille d'argent ;

---

[1] Nous avions encore, il y a peu d'années, à Troyes, un des lauréats des Expositions de 1819 et 1827 : M. Duchaussoy y avait obtenu des mentions honorables pour des bas en fil, jauge 36 fin ; le tissu en était tellement léger, que le bas tout entier passait facilement à travers une bague.

mais les progrès qu'elle réalisait se rapportaient plus encore aux préparations de matières premières, aux apprêts et à la teinture : le tricotage, qui n'en était qu'un accessoire, ne recevait aucun perfectionnement. Mentionnons encore les fabricants de gants en soie ou en fil de Nîmes et de Caen, les chaussonniers de Bitschwiller, qui figurent pour la première fois au catalogue de 1834 et dont la présence peut faire croire à l'apparition d'éléments nouveaux de fabrication.

Quant au matériel, nous retrouvons en 1834 le même constructeur qui avait déjà obtenu une médaille de bronze en 1819 et une médaille d'argent en 1827, M. Favreau, de Paris. En 1834, on lui accorda un rappel de médaille d'argent pour un métier présenté sous le nom de *jumeau tricoteur*, « assez simple, dit le Rapporteur, assez facile à conduire pour qu'un enfant de treize ans puisse tricoter facilement deux paires de bas à la fois. » On ne peut que regretter une description aussi laconique qui ne permet pas d'apprécier le mérite de l'invention.

Il nous faut combler ici une double lacune du Rapporteur de 1834. Il omet de citer une invention capitale du troyen Delarothière, celle du métier à chaîne ou métier à maille fixe. Inventée en 1829, sur le seul vu d'un échantillon du tissu à produire, la nouvelle machine devait être avantageusement employée plus tard par les manufactures de Lyon et du Midi.

Soit ignorance, soit manque de renseignements, le Rapporteur de 1834 passe aussi sous silence l'apparition du métier circulaire, ou ne le mentionne, en tous cas, que d'une manière accidentelle : une médaille de bronze est accordée « à M. Vigry, de Vonneuil-sous-Biard, près Poitiers (Vienne), pour bonnets de coton à 10 fr. la douzaine, tricots en pièces propres à la fabrication de ces bonnets, faits *avec un métier circulaire.* » On peut s'étonner à juste titre qu'une machine nouvelle, qui devait amener une révolution complète dans l'industrie de la bonneterie, ait passé ainsi inaperçue. Faut-il y voir une manifestation du sentiment dont nous trouvons l'expression dans les compte-rendus des travaux du jury de 1827 ? Les Rapporteurs se plaignent, en effet, que nombre de fabricants retenus par la crainte d'exciter contre eux la concurrence de leurs rivaux, ont renoncé aux avantages de l'Exposition, ou n'y ont pas paru avec tous leurs moyens. N'est-ce pas au contraire une conséquence toute naturelle de l'obscurité qui entoure les origines du métier circulaire en France et que, personnellement, malgré les diverses sources auxquelles nous nous sommes adressé, il nous a été impossible de pénétrer complètement?

Les documents qui se rapportent aux origines du métier circulaire en France sont en très petit nombre; il faut nous borner à citer avec Willkomm le premier brevet relatif au métier circulaire, pris en France par un nommé Decroix, en 1798; la production, à l'Exposition de Paris, en 1802, d'un métier de ce genre par Aubert, constructeur à Lyon; l'invention, en 1808, par Leroy, horloger à Paris, de la roue à mailles ou mailleuse à dents fixes; enfin, en 1821, celle des roues de presse divisées, par Andrieux [1].

Nous restons ensuite sans renseignements jusqu'à 1830, époque à laquelle les manufactures de Falaise commencent à exploiter un nouveau système inventé par Lebailly. Les organes de la nouvelle machine étaient les mêmes que ceux du métier droit ou métier de Lee, mais l'originalité de l'invention consistait à rendre continue des fonctions d'organes qui étaient alternatives dans le métier droit.

Plus tard, en 1833 seulement, M. Jacquin, horloger à Troyes, fut amené, par deux de ses amis, à s'occuper du métier de Falaise; fabricants de bonneterie eux-mêmes, ils avaient entrevu de suite tout l'avenir de la nouvelle machine. Sans notions spéciales, mû par le seul désir de réussir, M. Jacquin accepta la tâche qui lui était offerte; après trois années d'efforts assidus, il apporta à ses associés un métier suffisamment pratique pour leur permettre d'entreprendre la fabrication du bonnet de coton sur une vaste échelle. Le succès dépassa les espérances et, à l'inverse de ce qui arrive ordinairement, l'entreprise succomba devant l'encombrement de ses produits et l'impossibilité de les écouler. Déçu dans ses prévisions de ce côté, M. Jacquin se remit courageusement à l'œuvre; il entreprit, pour le compte de tiers, la construction des métiers de grand diamètre permettant la fabrication des

[1] *Rapport du jury de l'Exposition de 1844*, tome II, page 223.

pantalons, des gilets ou des camisoles ; il y apporta rapidement de nombreux perfectionnements, entr'autres celui de
la mailleuse à dents mobiles qui, jusqu'à ce jour, est restée
la caractéristique du métier circulaire troyen ; il formait en
même temps de nombreux élèves qui devinrent rapidement ses émules : les Gillet, les Fouquet, les Motte, les
Nogent, n'eurent qu'à suivre la voie qu'il avait ouverte et
dans laquelle l'industrie troyenne devait trouver une brillante
prospérité.

Période de 1834 à 1849

Les expositions qui suivirent, en 1839, 1844 et 1849, malgré
de véritables progrès dans l'outillage, laissent encore relativement la bonneterie dans l'ombre.

Le métier circulaire existe ; il a ses constructeurs attitrés,
notamment à Troyes ; le métier à bas a reçu, dès la fin de
1834, un perfectionnement considérable par l'application de
la mécanique de Delarothière. Elle permit de finir économiquement les pieds (elle fut aussi avantageusement employée
par la ganterie) ; enfin, le métier à chaîne, combiné avec la
mécanique à la Jacquart, fournit à la fantaisie des produits
d'un prix de revient modéré et recherchés par l'exportation.

Rien de précis cependant ne s'affirme dans l'industrie qui
utilise ces métiers. Elle reste dans un état particulier *d'inap-
préciation* qui la fait classer tantôt avec les tissus divers, les
blondes, les tulles, la tapisserie, tantôt avec les soieries ; les
jurys eux-mêmes, par les contradictions que présentent leurs
rapports, semblent ne pas lui avoir donné toute l'attention
à laquelle elle avait droit.

Le Rapporteur de 1839 constate que la bonneterie ordinaire continue à pourvoir convenablement aux besoins de la
consommation du pays et que celle de Troyes présente le
double avantage d'une confection solide et d'un prix modéré.
« Néanmoins, ajoute-t-il, la fabrication des bas unis et de
consommation courante soutient difficilement à l'étranger
la concurrence des produits de la Saxe et de l'Angleterre.
Seuls, les bas de qualité supérieure, les bas de luxe, les bas
à jours et brodés, sont en meilleure situation ; ils sont plus
recherchés soit sur le marché intérieur, soit à l'étranger. »

Quant à la bonneterie orientale, si prospère quelques années auparavant, elle est en voie de décroissance ; elle rencontre une redoutable concurrence en Italie, en Espagne et dans les pays du Levant, qui peuvent s'approvisionner de laines à meilleur marché ; encore un peu de temps et elle disparaîtra du milieu où on l'avait vue si brillante, absorbée qu'elle sera par une autre industrie, celle de la couverture de laine.

A l'inverse du Rapporteur de 1839, celui de 1844 estime que la bonneterie de Troyes obtient sur les marchés étrangers, soit par la beauté de sa fabrication, soit par la modicité de ses prix la préférence sur les articles de la Saxe et de l'Angleterre ; mais cette assertion est renversée à son tour par le Rapporteur du jury de 1849, qui écrit que, malgré leur bon marché, les produits français ne peuvent rivaliser avec leurs similaires étrangers. Nous pensons devoir donner raison aux Rapporteurs de 1839 et de 1849. La Saxe et l'Angleterre avaient déjà à cette époque des moyens de production et d'organisation de travail supérieurs aux nôtres et si, parmi les fabricants français, ceux du Midi principalement avaient su conserver une supériorité bien marquée, il n'en était pas de même des producteurs d'articles plus ordinaires ; ils étaient distancés par leurs concurrents anglais et saxons, surtout au point de vue du prix de revient. Aussi, les expositions de 1839, 1844 et 1849, affirmèrent surtout la vitalité de la belle fabrication, de celle du Midi en première ligne, de celle de Paris ensuite.

Sur 37 récompenses accordées à la bonneterie en 1839, les fabricants du Midi en obtinrent 21, ceux de Paris 5 ; en 1844, les premiers en comptaient encore 23, et les autres 10, sur un total de 51 ; en 1849, le nombre des exposants récompensés baissa sensiblement ; nous n'en trouvons plus que 29 dont 6 du Midi et 9 de Paris. Malgré cette diminution, on peut considérer qu'à cette date les articles supérieurs étaient en pleine prospérité : Le Vigan seul, avec ses environs, occupait 2.600 métiers faisant le bas de maille fine, en soie et fil, brodé ou à jours. Le fini de l'exécution, la qualité des matières premières, le bas prix de la main-d'œuvre en faisaient un centre de fabrication sans rival, en France comme à l'étranger. Paris avait plus particulièrement la spécialité des bas de fil d'Ecosse. Ils étaient surtout appréciés à l'étranger et les bas marqués Paris, au moyen de mailles doubles au revers, avaient une plus-value bien établie sur les marchés du dehors.

La bonneterie de Troyes était moins bien partagée ; elle obtenait seulement 2 récompenses en 1839, 4 en 1844, et 3 en 1849, laissant ainsi soupçonner un état de faiblesse qui devait s'accentuer encore quelques années plus tard.

Elle rencontrait d'ailleurs à Falaise une concurrence redoutable dans la production des articles circulaires ; Arcis la dépassait de beaucoup aussi dans la fabrication des articles diminués, comme fini et comme exécution.

Toutefois, — et nous nous empressons de le reconnaître, — l'infériorité de la fabrication de Troyes n'était que relative. Ne produisant guère en articles diminués que des articles de grande consommation et de qualité moyenne, elle avait à lutter contre les fabriques d'Angleterre et de Saxe, surtout contre celles d'Angleterre, et c'est seulement vis-à-vis de celles-ci que s'établissait bien réellement son état de faiblesse ; mais pour la France, Troyes et ses environs étaient au contraire à cette époque le principal centre de fabrication de la bonneterie de coton. Des chiffres que nous détachons d'un précieux travail de statistique, publié en 1846, sur la production industrielle du département de l'Aube, en établissent nettement l'importance[1].

Période de 1849 à 1855

L'institution des expositions industrielles devait, comme toutes choses, subir la loi fatale du progrès qui veut que l'œuvre de demain soit supérieure à celle d'hier. Aux premières expositions, intéressant tout au plus Paris et les régions limitrophes, avaient succédé d'autres concours réunissant les producteurs de toute la France.

La période dans laquelle nous entrons inaugure l'ère des expositions universelles ouvertes aux producteurs du monde entier. En possession d'engins nouveaux, — vapeur et élec-

---

[1] Voir la pièce justificative A.

tricité, — l'industrie va marcher à pas de géant dans toutes les branches et chez toutes les nations. Plus que toute autre, parce qu'elle était restée plus longtemps stationnaire sans doute, la bonneterie va profiter de cet essor industriel.

Pour bien faire sentir la portée de ce mouvement, nous allons résumer aussi brièvement que possible la situation de cette industrie en France à cette époque et indiquer aussi ce qu'elle était au dehors, principalement en Angleterre et en Saxe.

Du nombre des exposants et de la nature des articles expo-sés, on pouvait déduire, aux expositions précédentes, princi-palement à celles de 1834 à 1849, la tendance de la fabrica-tion à se concentrer par genre et par contrée. On pouvait voir aussi que la fabrication, pour chaque centre, y était d'autant plus prospère que la concentration y était plus avan-cée et entreprise depuis plus lontemps.

Vers 1850, ce travail de concentration est complètement terminé. L'industrie de la filature de soie dans le Midi, celle de la laine dans la Picardie, ont implanté d'une façon exclu-sive dans ces deux centres, la fabrication de la bonneterie de soie et celle de la bonneterie de laine[1].

Grâce à ses inventeurs ou constructeurs de métiers, les Delarothière, pour le métier à bas, les Jacquin, pour le métier circulaire, Troyes avait monopolisé la fabrication de la belle bonneterie de coton. Caen et surtout Falaise, mieux placés dans un pays de filature, en possession du métier à platines qui permettait l'emploi de matières inférieures, produisaient plus spécialement les articles circulaires de qualité commune.

Nous trouvons ainsi quatre grands centres produisant des

---

[1] « L'introduction de la bonneterie en Picardie, ou mieux dans le Santerre, remonte à 1745. En 1720, MM. Senart y avait bien établi les premières filatures à la main produisant le fil de laine convenable à la bonneterie, mais, jusqu'en 1745, ces fils étaient dirigés sur Paris où ils étaient employés. C'est à cette date seulement qu'ils fondèrent la première fabrique d'articles de bonneterie au métier, à Plessis-Rosain-villers. D'autres fabriques suivirent rapidement; elles occupaient, en 1780, 30.000 personnes dans un arrondissement de 30 à 40 lieues pour l'alimentation de 8.000 métiers. »

(Travaux de la Commission française sur l'industrie des nations à l'Exposition universelle de 1851, tome V, page 55).

articles bien distincts et dénommés dans le commerce, suivant leur lieu de provenance :

La Bonneterie du Vigan;
»   de Picardie ;
»   de Troyes ;
»   de Falaise.

Puis, comme souvenir de l'ancienne dissémination des premiers métiers à bas, des centres secondaires : Saint-Dié, Bar-le-Duc, Strasbourg, Baar, dans l'Est; Arras, Wignehies, dans le Nord; Orléans, dans l'Ouest; puis d'autres encore moins importants, connus seulement de la consommation locale de laquelle ils vivaient sans chercher d'autres débouchés.

Comme matériel, la fabrique française possédait le métier à bas, presque tel que l'avait imaginé Lee, mais avec une adjonction d'importance considérable, celle de la mécanique à pieds de Delarothière, qui donnait aux produits français leur marque originale.

Elle avait aussi le métier à double fonture dit métier à côte ou métier anglais. Inventé en Angleterre, en 1755, par Jedediah Strutt [1], il avait été importé en France, en 1770, par un fabricant français nommé Sarrazin, qui établit une fabrique à Paris et s'installa ensuite à Lyon, chez M. Chaix [2].

Enfin le métier à chaîne et le métier circulaire à mailleuses et à platines complétaient l'outillage.

Tous les travaux accessoires de dévidage et de couture étaient faits à la main. Quant au tissage sur les métiers, il se faisait presque généralement par l'intermédiaire de façonniers travaillant ou faisant travailler sur des métiers qui, le plus souvent, leur étaient fournis par le fabricant; mais les agglomérations de personnel ou d'outillage, qui constituent le travail en atelier de nos jours, n'existaient pas encore.

Pour faire de suite le procès du travail à façon ainsi pratiqué, disons que ce système, avantageux en apparence, fut en réalité préjudiciable à l'industrie de la bonneterie.

---

[1] Willkomm. — Trad. angl., tome I, page 130.

[2] *Travaux de la Commission française sur l'industrie des nations à l'Exposition universelle de 1851*, tome V, page 56.

Il se prêtait, en effet, trop facilement à des variations considérables dans le prix de la main-d'œuvre, qui enlevaient toute fixité au salaire de l'ouvrier et le laissaient dans un état de gêne matérielle auquel correspondait un état moral des plus insuffisants. En outre, ce système se traduisait par une décroissance continuelle des salaires; chaque fabricant, par suite de la concurrence, visant à produire à des prix de plus en plus réduits, il baissait en proportion ses façons, élément capital de son prix de revient, puisqu'il n'avait que peu ou point de frais généraux. C'est ainsi que, vers 1850, les ouvriers bonnetiers de Troyes ne gagnaient plus que 1 fr. 20 à 1 fr. 50 par jour. En admettant, — ce qui est la vérité, — que la décroissance d'une industrie va de pair avec la dépréciation de ses salaires, nous trouvons dans l'exposé de ces faits une nouvelle preuve de l'état de faiblesse déjà pressenti lors de l'Exposition de 1849.

Considérons maintenant l'industrie de la bonneterie en Angleterre. En avance de vingt ans environ, la fabrique anglaise avait traversé de 1820 à 1830 la même période critique. Le travail à façon, qu'elle avait pratiqué, avait rendu peu à peu ses ouvriers les plus malheureux de l'Angleterre, à tel point qu'il s'était établi à leur endroit une légende de misère qui les montrait dans l'impossibilité de renouveler leurs vêtements au moins une fois par vingt-cinq ans.

Heureusement, l'apparition des moteurs à vapeur et l'organisation du travail en atelier avaient, dès 1844, changé cet état de choses; avec le développement de la bonneterie mécanique étaient venues la hausse des salaires et l'amélioration de la condition matérielle et morale de l'ouvrier.

Il faut remonter à 1828 pour trouver les premiers essais d'utilisation de la vapeur, en vue d'actionner des métiers en partie déjà automatiques. En 1836, on rencontre des métiers de ce genre faisant 2, 3 et 4 bas à la fois, et, en 1838, Luke Barton produit le premier métier à mouvements complètement automatiques, si toutefois l'on excepte les mouvements de la diminution.

De 1843 à 1850, Moses Mellor construit et perfectionne un métier faisant 6 bas à la fois et, en 1854, paraissent enfin deux métiers à mouvements complètement automatiques : les véritables premiers « Rotary frames. » Le premier en date, celui de Hine et Mundella, opérait la diminution par un mouvement de rotation inverse de celui du métier : ce n'était, à vrai dire, qu'une demi-solution du problème; le second, plus complet, de Hine, Mundella et Onion, avait tous les mouvements automatiques, y compris ceux de la diminution; la rotation s'effectuait toujours dans le même sens.

La fabrique anglaise avait aussi, comme la fabrique française, ses métiers circulaires, mais de systèmes entièrement différents.

Les premiers essais en ce sens furent faits, en 1769, par Samuel Wise[1].

En 1816, Brunnel, l'auteur même du tunnel sous la Tamise, construisit un métier circulaire qui fut repris et perfectionné par William Paget; on en retrouve plus tard le principe et les organes principaux dans le métier inventé par le neveu de ce dernier, Arthur Paget; ce métier est plus connu en France sous le nom de *métier hollandais.* Un autre fut construit par Moses Mellor, qui avait pris et transformé l'idée première de Brunnel en y appliquant les mailleuses à dents fixes, dites *mailleuses papillons.*

Les deux métiers anglais avaient le grand avantage sur les métiers français de pouvoir se construire sur de petits diamètres correspondant à celui du bas; ils permirent à l'Angleterre de produire des bas tubulaires ou sans couture, à des prix qui, inconnus jusqu'alors, établirent au loin sa réputation de production à bon marché.

Les documents que nous avons consultés ne nous fournissent aucuns renseignements sur les progrès, avant 1855, du métier à côte rectiligne; tout porte à croire qu'il était resté, vu sa faible production et les besoins limités auxquels il devait répondre, ce qu'il était en France; en revanche, Townsend, en 1853, inventait l'aiguille *selfacting* et, dès la même année, Thomas Thompson en faisait l'application dans la construction du premier métier tubulaire à côte.

En joignant à ces diverses machines les bobinoirs mécaniques, une machine à coudre circulaire, spéciale à la bonne-

---

[1] *Hosiery and Lace Trades Review,* novembre 1889.

terie, nous aurons une idée précise de l'outillage de la fabrique anglaise vers 1855.

Quant à la Saxe, elle n'avait à cette époque que le métier à bas de Lee, le même qui était employé en France ; il avait été importé en Allemagne depuis plus d'un siècle. Elle venait aussi, en 1851, de prendre à l'Angleterre ses métiers tubulaires pour bas. Mais elle avait une main-d'œuvre extraordinairement bon marché, qui lui permettait de payer un ouvrier 3 fr. 50 par semaine, une femme 2 fr. 50 ; elle s'efforçait, en outre, de trouver au dehors des débouchés pour sa fabrication dont l'essor eût été arrêté chez elle par la pauvreté des consommateurs nationaux. Nous verrons plus tard quel parti elle tira de ces éléments de succès.

Telles étaient les situations respectives de la Bonneterie en France, en Angleterre et en Saxe, lors de l'Exposition de 1855.

L'Angleterre apporta tout à la fois des produits parfaitement finis et d'autres à très bas prix, par exemple, des bas de coton blanc à 1 fr. 50 la douzaine, « bons pour leur prix » dit le rapport.

La Saxe eut le même genre de production à bon marché. Pour caractéristique, chez l'une comme chez l'autre, le métier tubulaire à bas, marchant au moteur, manifestait son influence.

Quant à la France, elle gardait encore sa supériorité dans la bonneterie de luxe. Ses articles de soie et de fil d'Ecosse, — bas à jour et brodés, fabriqués à Paris ou dans le Midi, gants satin peau, — n'avaient pas encore atteint un tel degré de perfection. Mais la bonneterie de laine et celle de coton devaient plutôt leurs améliorations aux nouvaux procédés de filature, principalement au peignage ; leurs moyens de production, leur organisation du travail n'avaient subi aucune modification. Le jury résumait ainsi son impression : l'industrie de la bonneterie, depuis les dernières expositions, a pris un immense accroissement ; tous les pays ont rivalisé pour faire mieux et produire davantage. Il sanctionnait son appréciation en partageant les deux médailles d'honneur entre la France et l'Angleterre. En France, c'était la bonneterie du Vigan, toujours supérieure, qui l'obtenait,

Période de 1855 à 1867

Nous atteignons ici la période la plus intéressante de l'histoire de la bonneterie. Les cinquante années que nous venons de parcourir ont été marquées pour ainsi dire par la démocratisation de ses produits : l'emploi toujours croissant des fils de coton, en raison de la diminution constante de leur prix, due aux progrès de la filature, et la production à bon marché du métier circulaire ont été les principaux facteurs de cette vulgarisation. Elle répondait bien d'ailleurs aux idées de bien-être égalitaire qui avaient pénétré dans les masses à la suite de la Révolution et après 1830.

Mais si les articles de grande consommation s'étaient ainsi propagés, les produits de luxe n'avaient pas suivi le même développement. Le bas de soie, notamment, avait cessé de faire partie de l'habillement d'homme, par suite de la substitution du pantalon à la culotte. Dans la toilette de la femme, le bas de fil d'Ecosse, produit à meilleur prix et mis ainsi à la portée d'un plus grand nombre, lui avait fait une concurrence redoutable. Aussi, sans rien perdre de leur valeur au point de vue de l'exécution, les fabriques de Paris et du Midi avaient subi de ce fait une importante transformation et l'emploi de la soie avait considérablement diminué. Nous ne devons donc pas nous étonner quand, en 1862, sur une production annuelle de 70 millions, la bonneterie de soie en comptera neuf seulement, laissant ainsi bien en arrière la proportion de 50 % que lui attribuait Rolland de la Platière avant 1789.

Il est un autre article, plus modeste, et qui va disparaître aussi d'ici peu devant les exigences ou les caprices de la mode, c'est le simple, le vulgaire bonnet de coton; nous voudrions au moins marquer sa disparition, dire en quoi et pourquoi on peut le regretter. Le bonnet de coton avait réalisé un progrès considérable sur le bonnet de laine. Un des premiers produits du métier circulaire, qui fut presque inventé pour lui, il avait été de suite, grâce à son bon marché, la coiffure économique par excellence. Ses propriétés hygiéniques étaient non moins remarquables : à cause de son élasticité, il n'étreignait pas la tête, et avec lui nul besoin de conformateur pour l'adapter aux crânes les plus bizarrement conformés. La texture de son tissu laissait circuler sur le cuir chevelu un air tamisé qui, sans chance de refroidissement, empêchaient l'élévation de température que l'on constate dans la calotte de nos chapeaux imperméables; enfin, comme coiffure de nuit, il était la solution d'un véritable problème de mécanique : avec sa double coiffe, et par suite du glissement facile de l'une sur l'autre, il permettait le déplacement de la tête sur l'oreiller sans qu'il la quittât. Triste comme un bonnet de coton, dit-on, bien certainement sans réfléchir et en se souvenant seulement des pâles figures que l'on a aperçues derrière les fenêtres d'hôpital. Précieux comme un bonnet de coton, devrait-on dire, car il n'est pas de meilleure coiffure pour le pauvre malade.

Nos pères, d'ailleurs, l'avaient en meilleure estime et il ne faut pas remonter a une époque bien éloignée pour le trouver mêlé aux plus agréables scènes. Rendons-lui enfin la justice d'être une coiffure éminemment nationale, car on ne le retrouve guère en dehors de France. C'est enfin la seule qui ait été commune à l'homme et à la femme : nos paysannes normandes, les jolies filles du pays de Caux, le portaient et le portent encore d'une façon fort crâne; les croquis de Grévin en font foi. Mais qu'on nous pardonne cette digression : nous avons seulement voulu relever le bonnet de coton de l'espèce d'ostracisme dont la mode l'a frappé depuis quelque vingt ans : hâtons-nous de revenir à notre sujet.

Nous avons vu précédemment que, vers 1850, les articles à bon marché étaient surtout demandés. A ce besoin toujours croissant, la fabrication des articles circulaires était en mesure de répondre, mais celle des articles diminués était loin d'être suffisante; elle avait peu ou n'avait point développé ses moyens de production et réclamait impérieusement une nouvelle organisation.

Les événements semblent avoir répondu d'eux-mêmes à ces exigences nouvelles; c'est de cette époque, en effet, que date l'exploitation des métiers perfectionnés actionnés par une force motrice et nous allons assister tout à la fois à la création d'un outillage entièrement nouveau et aux modifications profondes qui en résulteront dans les conditions du travail.

Des considérations d'un tout autre ordre vinrent hâter encore cette transformation.

L'Exposition de 1855 et, avant elle, celle de 1851, à Londres, avaient ouvert de nouveaux horizons ; elles avaient laissé voir que la lutte ne serait plus désormais de ville à ville, de contrée à contrée, comme autrefois, mais qu'elle allait s'établir de pays à pays ; et alors, de l'inégalité d'aptitude à la production des uns et des autres, de l'avance qu'avaient pu prendre ceux-ci, de la crainte qui résultait pour ceux-là de voir leur marché envahi, était sortie plus vivace que jamais l'éternelle question de la liberté ou de la protection des échanges.

Les théories libre-échangistes avaient été acceptées par le second Empire, et la perspective de traités de commerce menaçant de la ruine l'industrie de la bonneterie en France, principalement la fabrication des articles de grande consommation, força nos fabricants à sortir de leur inaction ; ils n'hésitèrent pas et s'efforcèrent de prendre à leurs concurrents anglais les plus redoutables alors, leurs moyens de production.

Ils y furent poussés encore, après 1860, par l'arrêt presque absolu qu'avait amené la hausse des filés de coton dans l'industrie de la bonneterie circulaire, à la suite de la guerre d'Amérique. Espérant trouver dans la fabrication des articles diminués une compensation aux pertes qu'ils avaient subies, ils entrèrent plus résolument encore dans cette voie.

La première tentative d'importation de machines étrangères fut faite l'année même de l'Exposition de 1855, par M. Tailbouis, de Paris, avec le métier à bas breveté en 1854, en Angleterre, par Hine, Mundella et Onion. L'année suivante, M. Hamerlin introduisit sur la place de Troyes le métier terminé en 1850 par Moses Mellor ; il ne poursuivit pas toutefois son entreprise et revendit au bout de peu de temps sa machine et ses droits à MM. Guivet et Cⁱᵉ, ses concitoyens.

D'autres fabricants de Troyes firent des tentatives analogues. Ainsi, MM. Poron frères importèrent presque en même temps que M. Hamerlin, et à quelques mois d'intervalle, le métier à bas de Mundella et Luke Barton, breveté en 1854 en Angleterre. En 1857, ils recevaient encore de

MM. Hine et Mundella le métier automatique à plusieurs têtes, pour faire la côte; et, de la même maison, M. Tailbouis tirait, en 1862, le métier tubulaire à côte. Enfin, en 1862 également, MM. Poron frères traitaient avec M. A. Paget pour la reproduction en France du métier qu'il avait inventé en 1857 et perfectionné en 1859 et 1860. Ce métier, aux organes complètement originaux, construit à une seule tête, marchant à une grande vitesse, était la première solution véritablement pratique du métier à bas à mouvement rotatif continu faisant la diminution automatiquement.

Avec les métiers ci-dessus, les mêmes maisons importaient les machines accessoires, bobinoirs, machines à coudre et à remmailler, complément indispensable de la fabrication mécanique qu'elles entreprenaient.

Les débuts de ces affaires nouvelles furent des plus pénibles. Les industriels importateurs de ces machines, simples modèles plus ou moins finis, durent les reproduire et les appliquer, en les perfectionnant, aux besoins de la fabrication française; le personnel ouvrier, aussi bien les mécaniciens pour construire les métiers que les ouvriers bonnetiers pour les conduire, n'existait pas; il fallut l'improviser. Aussi, sans insister davantage sur les difficultés que rencontrèrent MM. Tailbouis, Guivet et Poron frères, nous nous bornerons, au point de vue de l'historique que nous faisons, à mentionner les résultats obtenus; ils proviennent presque tous de l'emploi du métier tubulaire à côte de M. Tailbouis, du métier rectiligne à côte de MM. Poron frères, enfin du métier Paget, de la même maison, plus connu en France sous le nom de métier Hollandais.

Le métier tubulaire à côte eut peu de perfectionnements; tel il était venu d'Angleterre, tel il suffisait à la fabrication française; appliqué à la production du bas à côte tubulaire, du poignet et des manches de gilet, il prit un rapide développement.

Le métier rectiligne à côte, appliqué d'abord et uniquement à la fabrication des bords à côte, encombra vite le marché de ses produits; mais ses importateurs lui trouvèrent un autre emploi par la création d'un article nouveau, le bas d'enfant à côte; l'adoption de la rayure à 2, 3 et 4 fils, en fit rapidement une des branches prédominantes de la fabrication de Troyes.

Mais la transformation la plus radicale devait résulter du métier Paget ou Hollandais.

D'une production considérable, comparée à celle de l'ancien métier, n'occupant pas plus de place, et pouvant comme lui s'actionner à la main, d'un prix relativement minime eu égard au bénéfice qu'il procurait, il se répandit rapidement chez l'ouvrier façonnier, travaillant à domicile. Disposé aussi pour marcher au moteur, il entra dans l'outillage des nouveaux ateliers qui se montèrent à Troyes, dans le Midi et en Picardie. Plié enfin aux nécessités de la fabrication française par des perfectionnements successifs, — l'obtention des revers à la maille, des talons avec lisières, — il fit entrer de suite la fabrication du bas diminué dans une voie nouvelle.

En même temps, l'esprit de recherche s'éveillait chez les constructeurs français ; et de 1861 à 1867, nous relevons 131 brevets pris pour des machines nouvelles ou des perfectionnements apportés à des machines existantes. Sur ce nombre, 50 environ visent des perfectionnements du métier circulaire ; les autres se rapportent aux machines rectilignes ou à des procédés de fabrication d'articles divers.

Dans l'impossibilité où nous sommes de faire une étude détaillée de tous ces brevets, nous ne retiendrons que ceux qui présentent bien franchement un caractère de nouveauté, ou qui sont restés réellement dans le domaine de la pratique. Nous citerons en conséquence :

En 1861, l'appareil appliqué par M. Tailbouis au métier à bas de Mundella et Onion, pour la fabrication automatique des semelles et pointes suivant la mode française ; le métier à bas imaginé par M. Berthelot, avec cette disposition originale, produite pour la première fois, de diminutions s'effectuant alternativement à droite et à gauche et sans arrêt dans la formation de la maille.

En 1862, la diminution automatique, mais sur une seule fonture, réalisée par MM. Poron frères, sur le métier à côte à plusieurs têtes ; un nouveau métier à bas produit par M. Poivret et un métier à côte automatisé par M. Bordier.

En 1863, la mailleuse en dessous imaginée par M. Berthelot, pour faciliter l'emploi de la laine sur le métier circu-

laire ; le premier essai, par M. Lepainteur, d'un désembrayagə
électro-magnétique.

En 1864, l'utilisation, par M. Buxtorf, du *vanisage* sur le
métier circulaire au moyen d'appareils spéciaux, dits *chineuses
Emmanuel ;* l'application, par M. Jacquin, de l'aiguille selfacting aux deux fontures du métier rectiligne à côte ; la production, par M. Tailbouis, d'un nouveau métier à plusieurs têtes
à côtes et de métiers circulaires à chutes multiples et avec
aiguilles selfacting ; enfin la construction, par M. Buxtorf,
d'un nouveau métier circulaire de grand diamètre avec
aiguilles selfacting fonctionnant horizontalement.

En 1865, M. Tailbouis introduit la même aiguille dans le
métier à chaîne et M. Radiguet renouvelle l'application de
l'électricité à l'arrêt automatique des métiers circulaires ou
rectilignes.

La même année voyait aussi la première apparition de la
machine à tricoter de Lamb, laquelle se confondait immédiatement avec la tricoteuse mécanique de M. Buxtorf.

En 1866, enfin, nous remarquons l'obtention du talon
à lisière sur le métier Paget, par MM. Poron frères ; deux
systèmes de remmailleuses produits : l'un, par MM. Tailbouis,
Bonamy, Verdier et Cⁱᵉ ; l'autre, par MM. Poron frères.

L'Angleterre, pendant ce temps, n'était pas restée inac-
tive. En 1860, et en même temps qu'Arthur Paget, Cotton
avait produit un nouveau métier à mouvements complètement
automatiques aussi, mais de principes essentiellement différents. Les grèves, à cette époque, causaient de grandes difficultés aux fabricants anglais ; enrôlés dans les Trades unions,
les ouvriers bonnetiers, conducteurs des nouveaux métiers
mécaniques et dont le recrutement était difficile, étaient les
maîtres de la situation. Paget avait pensé affranchir la fabrique
anglaise de ces difficultés en offrant un métier à une seule tête,
marchant à grande vitesse, facile à surveiller et qu'il espérait
faire conduire par des femmes. Il n'obtint, en ce sens, qu'un
demi-résultat ; contrairement à ce qui devait se passer en
France où, actionné à la main, son métier eut un véritable
succès, il ne visa que les ateliers marchant au moteur où il
rencontra le nouveau métier Cotton. Véritable merveille de
cinématique, d'une marche sûre et d'une grande production

(il produisait huit bas à la fois), ce dernier fut préféré par les fabricants et par les ouvriers, et devint l'agent essentiel de la fabrication des articles diminués en Angleterre.

Quant à l'Allemagne, l'adoption du métier Paget, dès son origine, l'avait mise pour la production du bas diminué sur le même rang que la France.

Dans ces conditions, la situation relative des trois pays grands producteurs de bonneterie, pouvait se résumer en 1867 comme il suit:

Supériorité de l'outillage, entraînant celle du prix de revient, en faveur de l'Angleterre;

Avantage, pour l'Allemagne, d'une main-d'œuvre à bas prix et égalité d'outillage avec la France:

Fabrication des articles de luxe, toujours réservée à la France; création d'un outillage nouveau et diminution sensible de la distance qui la séparait de sa concurrente principale, l'Angleterre, dans la production des articles ordinaires.

L'Exposition de 1867 justifia pleinement cet état de choses. Des 72 exposants français qui y figurèrent, les uns témoignèrent par leurs articles fabriqués sur les machines nouvelles, des progrès faits dans la voie de l'outillage; les autres, par leur fabrication toujours excessivement soignée, maintinrent la réputation de la bonneterie française pour les articles de goût et de luxe.

L'Angleterre affirma l'importance de ses grandes usines, de son outillage considérable et de la qualité de ses matières premières; la Saxe resta le pays de la main-d'œuvre à bon marché et des articles relativement communs; les autres pays, à peine entrés dans la fabrication de la bonneterie, passèrent inaperçus; seules, l'Espagne et l'Italie laissèrent entrevoir des fabriques d'une certaine importance, montées avec les métiers circulaires.

Période de 1867 à 1878

Les dix années qui vont s'écouler de 1867 à 1878 constituent une période de développement continu et régulier des nouveaux métiers récemment inventés ou importés, une prise de possession, pour ainsi dire, par la bonneterie des nouveaux procédés mis à sa disposition. Jusqu'alors, en effet, les nouvelles machines dont l'apparition avait soulevé l'incrédulité et le mauvais vouloir avaient été exploitées presque uniquement par leurs importateurs; fabricants de bonneterie avant d'être constructeurs de machines, ils en purent démontrer pratiquement la valeur et triompher des résistances du début. Il faut aussi leur rendre cette justice qu'ils surent reconnaître l'avantage qu'il y avait à vulgariser les nouvelles machines, au lieu 'de les réserver pour eux seuls; l'idée ne manquait pas d'une certaine hardiesse pour l'époque; elle fut justifiée par les événements.

Néanmoins, une telle transformation ne pouvait s'opérer que peu à peu; il fallait tout à la fois instruire les ouvriers, les plier aux exigences d'un nouveau mode de travail, ce qui nécessitait presque d'attendre une génération nouvelle; il fallait aussi accoutumer le consommateur aux nouveaux articles, qui n'avaient pas toujours la valeur et le fini des anciens produits fabriqués à la main.

La guerre de 1870, en supprimant brusquement toutes les sources de production et en épuisant le stock des produits fabriqués, fut nécessairement suivie d'une période d'activité considérable dans la fabrication. La bonneterie en profita pour répandre et faire accepter ses nouveaux articles. Ses ouvriers, ses machines d'ailleurs, se perfectionnaient chaque jour.

En 1867, M. Berthelot avait construit un métier sur les principes de celui qu'il avait déjà fait breveter en 1861; il l'avait perfectionné en rendant sur chaque aiguille la formation de la maille indépendante de la suivante; sa machine était ainsi un véritable métier circulaire rectiligné.

La même année, MM. Poron frères avaient construit un métier à côtes à plusieurs têtes, produisant, au moyen de jeux de passettes, la rayure en long, le damier, etc. MM. Herbin imaginaient les roues de presse couplées, agissant automatiquement, pour faire alternativement le piqué et l'uni sur le métier circulaire.

En 1868, MM. Poron frères produisirent une mécanique à pieds, appliquée au métier Paget, permettant de faire le bas complètement à la mode française; quelques mois plus tard, un simple ouvrier façonnier, M. Hubert Linard, en inventait un système plus simple, plus sûr de marche et qui, pendant vingt ans, devait suffire à toutes les exigences de la fabrique française.

En 1869, MM. Tailbouis et Renevey font, pour la première fois, usage de la rebrousseuse, qui devait plus tard jouer un si grand rôle dans la fabrication de la bonneterie.

En 1870, nous voyons M. Robert essayer de produire l'article à côte diminué sur le métier automatique de son système; puis M. Lebrun appliquer au métier circulaire la mécanique à diminuer de Delarothière.

En 1871, MM. Poron frères appliquent le métier Paget à la fabrication de la côte, avec diminution sur une seule fonture; ils obtiennent aussi l'*anglaisage* sur le même métier.

En 1872, M. Ségurd construit un métier à côte opérant les diminutions avec l'aiguille selfacting, métier spécialement destiné à la fabrication des gros articles, pantalons, gilets, etc. M. Jost, la même année, obtient mécaniquement la *grisotte*.

En 1873, MM. Poron frères obtiennent sur le métier Paget des bas diminués avec dessins à jour au moyen d'une application des cartons à la Jacquard; la même année, ils produisent aussi leur système de rayure, dit *rayure revolver,* permettant de faire la rayure avec changement de fils sur les métiers à diminutions; M. Bonamy construit un nouveau métier à bas avec anglaisage et grisotte, permettant d'obtenir des dessins de fantaisie produits par des croisements de mailles.

En 1874, nous rencontrons le perfectionnement, par MM. Poron frères, du métier Paget à côtes, diminuant sur les deux fontures; les essais faits par eux pour rayer mécaniquement sur les métiers circulaires; les modifications apportées au métier tube à côtes par Mme Auroy, puis par MM. Tailbouis et Cie, pour obtenir des dessins ou variations de maille; un métier similaire du métier Paget, par Mme Auroy; une machine circulaire à coudre à la maille, imitant la couture dite à l'anglaise, par M. Guivet; enfin, la tricoteuse circulaire de Mollière.

En 1875, la machine à coudre de M. Guivet est successi-

vement perfectionnée par M. Quinquarlet-Deschamp et
M. Quinquarlet-Dupont. MM. Guivet et Cie en produisent
une autre de forme rectiligne pour coudre à 1 ou 2 fils.

M. Neveux imagine les charges automatiques agissant
d'une manière continue dans les métiers circulaires.

MM. Tailbouis, Renevey et Touzé, et M. Bonamy introdui-
sent de nouveaux perfectionnements au métier tubulaire à côte
permettant d'obtenir différents genres de maille de fantaisie.

En 1876, M. Buxtorf construit un métier circulaire à
mailles fixes.

Enfin, en 1877, Mme Auroy et MM. Herbin obtiennent le
revers et la rangée lâche sur le métier tubulaire à côte ;
MM. Poron frères produisent une machine à coudre à surjet
pour la couture des articles à lisière.

Pendant ce temps, l'Angleterre avait réalisé des progrès
analogues ; le métier Cotton s'y était développé. Comme le
métier Paget en France, il avait reçu de nombreux perfectionnements ; en 1869, Cotton et Attenborough avaient obtenu
le rélargissement, puis ensuite, Lamb et Lowe l'avaient doté
d'appareils à rayer et à broder.

Loin de rester en arrière, l'Allemagne avait dépassé la
la France dans la transformation et dans l'accroissement
de son outillage. Du fait de sa législation sur les brevets,
le métier Paget était tombé rapidement dans le domaine
public et avait subi de nombreuses modifications ; mais,
comme toujours, la concurrence avait amené la dépréciation
du travail et les métiers allemands présentaient les mêmes
défauts que les produits de bonneterie. Tels qu'ils étaient
cependant, ils satisfaisaient au goût de la clientèle que par
leur activité commerciale les fabricants allemands avaient su
su élever au niveau de leur production.

L'Exposition de 1878 trouva ainsi la France et l'Allemagne
utilisant les mêmes procédés, l'une sur une plus vaste
échelle que l'autre, l'Angleterre les dominant toujours toutes
les deux.

Période de 1878 à 1889

Nous avons vu, dans les deux précédentes périodes, l'outillage mécanique se créer et se développer; il existe maintenant chez la grande majorité des fabricants, et chaque atelier est devenu, pour ainsi dire, un champ de recherches et d'expériences. Les brevets, les certificats d'addition, vont se succéder bien plus nombreux que précédemment, mais ils se rapporteront pour la plupart à des perfectionnements de détail, à des procédés spéciaux de fabrication ou de production de fantaisie.

Nous en avons relevé 612, de 1878 à 1888, répartis comme il suit :

1878	47
1879	65
1880	70
1881	59
1882	59
1883	58
1884	51
1885	50
1886	47
1887	55
1888	51

Sur la quantité, un quart environ est d'origine ou d'importation étrangère.

Le métier Paget et ses dérivés figurent dans ce nombre pour une large part, plus de 50; voici les dates de ces perfectionnements avec les noms des inventeurs :

Métier Paget. — Paget, 1880, 1881, 1885, 1888.

Poron frères, fils et Mortier, 1879, 1880, 1881, 1882, 1883, 1884, 1885.

Berton, 1882, 1883, 1884.

Verdier, Moreau et Cie, 1883, 1884.

Mauchauffée et Cie, 1885, 1888.

Verdier et Schultz, 1886, 1887.

Amaudry-Bellemère, 1886, 1888.

Lange et Chanvin, 1886, 1887.

Quinquarlet-Dupont, 1880.

Métiers dérivés. — Meghe et Cie, 1878.

                Beuve et Boucher, 1878.

                Dame Auroy, Beuve et Boucher, 1879,

                    1880, 1881, 1882, 1884.

                Dame Auroy, 1881, 1882.

                Boucher, 1885.

                Hubert Linard, 1879, 1880, 1881, 1882,

                    1883.

                Bonamy, 1880.

                Couturat et Linard, 1882, 1884.

                Société, dite Manufacture des bas de

                    Paris, 1884.

                Lemaire, 1886, 1887, 1888.

Malgré tous ces efforts, les années que nous traversons auront vu l'apogée de ce type de machines.

Le métier Paget et les métiers similaires sont arrivés au terme de leur développement. Après avoir fourni une carrière honorable en répondant à tous les besoins de la bonneterie jusqu'à ce jour, ils vont s'effacer devant le métier Cotton.

La première tentative d'introduction du métier Cotton, en France, remonte à l'année 1867[1]; elle fut faite à la suite de l'Exposition, par MM. Lavallard frères, d'Harbonnières (Somme). Les essais tentés par ces industriels, avec l'aide de MM. Tailbouis, Touzé et Renevey qui, en 1869, avaient apporté déjà certains perfectionnements à la machine, furent néanmoins infructueux et il fallut attendre près de dix ans pour les voir repris par MM. Couturat et Cie, de Troyes, cette fois avec un plein succès. Constructeurs de métiers et fabricants de bonneterie tout à la fois, utilisant par conséquent leurs propres machines, ceux-ci étaient dans les meilleures conditions pour en poursuivre les perfectionnements; ils firent subir, dès 1879, des modifications aux organes de la diminution; en 1880, ils y adaptèrent une mécanique à faire les pieds, et, en 1881, un appareil à rayures et à anglaisage. Plus tard, en 1886 et en 1887, MM. Dutreix et Chapplain,

---

[1] Le métier modèle importé en France ne figurait pas à l'Exposition de 1867. Il avait été monté dans un local séparé et fermé, et les personnes seules capables de s'y intéresser étaient admises à le voir fonctionner.

MM. Verdier et Schultz apportèrent aussi à la nouvelle machine leur contingent d'améliorations.

Dans cette même voie, MM. Poron frères, fils et Mortier, entreprirent, en 1883, l'exploitation du brevet anglais Lamb et Lowe pour le métier Cotton à double vitesse, application du principe plus général posé en France par MM. Tailbouis, Renevey et Touzé, dès 1878.

Ce nouveau système leur permit d'arriver aux métiers à 12 et 15 têtes, soit pour les longs de bas, soit pour les tiges de chaussettes et les pieds, avec une vitesse de 60 à 70 rangées à la minute.

Ce nouvel outillage, destiné surtout à la production des articles diminués, arrivait à temps pour contrebalancer les produits de la tricoteuse. Bien que connue depuis 1865, cette machine avait mis de longues années à entrer dans le domaine de la pratique : les centres de fabrication qui auraient pu l'utiliser avaient une main-d'œuvre trop élevée pour l'exploiter d'une manière profitable en concurrence avec les métiers déjà existants ; il fallut attendre qu'elle pénétrât dans les pays où elle procurait à la femme, à des conditions très minimes, la rémunération d'une main-d'œuvre inoccupée jusqu'alors.

L'Allemagne entra la première dans cette voie, suivie successivement par la France, l'Italie et l'Espagne. Les Etats-Unis d'Amérique en tirèrent aussi grand profit, mais pour cette autre raison que la nouvelle machine ne demandait qu'un apprentissage des plus sommaires et ne nécessitait aucune des connaissances spéciales qui sont l'apanage de nos ouvriers bonnetiers. Nous avons ainsi l'explication des nombreux brevets concernant la tricoteuse rectiligne ou circulaire et ayant presque tous pour titulaires des constructeurs allemands ou américains. C'est incontestablement à ces derniers, qui travaillaient surtout à automatiser la machine, que sont dus les systèmes les plus perfectionnés. Nous citerons entre autres celui de Nelson, introduit en France par MM. Couturat et Cⁱᵉ en 1879, et perfectionné par eux en 1882 et 1883. Nous ne pouvons non plus passer sous silence les noms de MM. Lopin et Hantz-Nass, qui, les premiers en France, utilisèrent industriellement la tricoteuse rectiligne.

Dans une autre branche, le métier rectiligne à côte, appliqué à un article de création essentiellement française, le bas rectiligne à côte, pour femmes et enfants, avait subi de grandes améliorations : meilleure exploitation de la machine (de six têtes, que l'on confiait au début à un ouvrier, on était arrivé à faire soigner deux métiers de 12 têtes, soit 24 têtes par un ouvrier et un enfant); fantaisies de toutes sortes à produire ; rayures, vanisage, broderies ; fabrication plus soignée par la finition du bas avec pieds et talons unis sur le métier Paget ou similaire ; tout avait contribué à répandre l'article, à le faire accepter avec faveur sur les marchés étrangers. Aussi, tous les brevets se rapportant à cette branche sont d'origine française et appartiennent presque tous à des fabricants de Troyes, principal centre de production de l'article.

Par ordre de dates nous les rappellerons comme il suit :

MM. Mauchauffée, 1878, 1881.
    Robert, 1879, 1881, 1887.
    Couturat et Cⁱᵉ, 1880, 1884.
    Ley, 1880.
    Bonamy, 1881, 1885.
    Jost, 1881.
    Quinquarlet-Dupont, 1881.
    Gris et Fey, 1882, 1883.
    Lange et Chanvin, 1884, 1886, 1887, 1888.
    Manufacture des bas de Paris, 1885.
    Bouly-Lepage, 1888.
    Poron frères, fils et Mortier, 1887.
    Amandry-Bellemère, 1888.
    Bellemère-Protin, 1888.
    Bellemère-Giroux et fils, 1888.
    Vanarien-Derrey, 1888.

Entre tous, et à propos du bas à côte, MM. Couturat et Cⁱᵉ doivent être cités pour l'importation qu'ils firent, en 1879, du métier Cotton à côte diminuant sur les deux fontures, breveté la même année en Angleterre, par les frères Kiddier. Cette machine est la plus complète et la plus compliquée tout à la fois que possède alors la bonneterie ; quelques années plus tard, en 1884, MM. Couturat et Cie la perfectionnaient par l'adaptation de dispositions spéciales la rendant propre à la fabrication du gilet de chasse diminué.

Le métier tubulaire à côte ressentit vivement le contre-coup du développement du métier rectiligne. Les articles inférieurs qu'il produisait furent peu à peu délaissés par le consommateur et remplacés par les produits de meilleure qualité et de prix relativement peu élevés du métier recti-ligne. Aussi, est-il presque abandonné et nous n'avons que quelques noms à relever dans les brevets qui le concernent :

MM. Chardinal, 1878.

　　　Bonamy, 1879, 1883, 1885.

　　　Petit, 1879, 1880, 1881, 1884.

　　　Auroy (dame), 1881.

　　　Poron frères, fils et Mortier, 1884.

　　　Petit frères et Cie, 1884.

Pour compléter cette revue des progrès de l'outillage de la bonneterie pendant la période 1878-1889, nous n'avons plus à parler que du métier circulaire.

Pour la fabrication des bas et chaussettes dits demi-dimi-nués, il fut, dès l'origine de son invention, complètement éclipsé par le métier Paget et les métiers dérivés, qui pro-duisaient presque au même prix l'article complètement dimi-nué; dès lors, il n'eut plus pour s'alimenter que l'article tricot proprement dit, soit pour hommes, soit pour femmes : pan-talons, gilets, camisoles, jupons. Et même, la faveur des gilets de chasse en laine et des vêtements en drap, confection-nés à bon marché, entravèrent la fabrication des articles plus spécialement destinés aux hommes.

La création du jersey et des articles coupés en laine le fit rentrer brillamment en scène.

Fabricants et constructeurs s'ingénièrent à répondre aux nouveaux besoins de la marche au moteur, du roulage auto-matique, de l'emploi facile de la laine, de l'utilisation de la rayure, du vanisage, etc.

Leurs efforts se manifestèrent par les brevets pris par :

MM. Buxtorf, 1879, 1880, 1882, 1883, 1888.

Berthelot, 1880, 1881, 1882, 1883, 1884, 1885, 1886, 1887, 1888.

Raguet, 1880, 1883, 1885.

Cambon, 1881.

Bonbon, 1882, 1883, 1884, 1887,

Terrot, 1882, 1887, 1888.

Jannet et Cie, 1882, 1883.

Petit, 1883.

Radiguet, 1885.

Petit frères, Lebocey et Cie, 1885, 1887.

Dubail, 1886.

Granmont, 1886.

Mauchauffée et Cie, 1887.

Bonamy, 1887.

Dégageux, 1888.

Quoique fort longues, ces énumérations sont encore incomplètes ; pour abréger, nous avons essayé de faire un choix des citations les plus intéressantes ; mais nous avons pu commettre des erreurs ou faire des omissions ; il nous faut dire aussi qu'à une même année et à un même nom correspondent souvent deux et trois brevets, et qu'en réalité nous n'en rappelons qu'un à chaque citation.

Si incomplètes qu'elles soient, elles démontrent néanmoins l'activité de nos fabricants.

Les transformations de matériel résultant de ces améliorations, une meilleure exploitation au point de vue industriel, la diminution du prix de revient et par conséquent du prix de vente, la création incessante de nouveaux articles, sont les signes caractéristiques de l'époque que nous atteignons.

L'étude détaillée que nous allons faire de l'Exposition de 1889 va nous en fournir les preuves.

EXPOSITION DE 1889

Si nous obéissions au seul sentiment du patriotisme, si nous n'écoutions que notre amour-propre d'homme du métier, nous écririons volontiers, en reprenant une phrase stéréotypée dans la plupart des rapports antérieurs, que l'Exposition de la bonneterie, en 1889, est la plus remarquable de toutes celles qui se sont produites jusqu'alors. Expression de la vérité, si l'on considère seulement les progrès mis en évidence, cette appréciation doit être contrebalancée par une critique : l'Exposition de la bonneterie, en 1889, n'a pas été ce qu'elle aurait dû être. Plus qu'aucune autre industrie, en effet, la bonneterie s'est ressentie dans ses manifestations des difficultés qui ont entouré les débuts de l'Exposition. C'est ainsi que les deux grandes rivales de la France, l'Angleterre et la Saxe, n'ont pris qu'une très faible part au concours et n'ont pas permis dès lors d'établir de comparaison au point de vue international.

En France, certains centres tels que Falaise, Orléans, Saint-Dié, font complètement défaut ; beaucoup de producteurs d'autres régions, dont la présence aurait tout à la fois rehaussé l'éclat de l'Exposition et fait connaître la valeur ou l'importance de leur fabrication et les progrès qu'ils avaient réalisés, ont cru devoir s'abstenir.

Hâtons-nous de dire, pour défendre la fabrication française contre toute critique malveillante, que les maisons qui n'ont pas exposé ont obéi à des scrupules qu'elles justifiaient. Aujourd'hui, la lutte entre la fabrication allemande et la fabrication française est à l'état aigu ; à une époque où la fantaisie occupe une si grande place, les fabricants qui en font leur spécialité, pouvaient craindre, en exposant, de livrer trop bénévolement leurs modèles à leurs concurrents. L'un d'eux citait ce fait à l'appui de son refus : quelques mois après l'Exposition de 1878, se présentant au cours d'un voyage en Allemagne comme acheteur dans une maison de fabrique, il fut fort surpris quand on lui soumit la collection presque complète des types qu'il avait exposés à Paris. Cet

incident suffit pour expliquer non-seulement l'indifférence,
mais encore l'abstention d'un certain nombre de fabricants
qui, jugeant l'Exposition contraire à leurs intérêts, ont refusé
d'y participer.

Sans discuter ce sentiment, nous avons cru devoir le
signaler, ne serait-ce que pour avoir l'occasion de mani-
fester à nos collègues absents le regret de ne pas les avoir
rencontrés.

L'Exposition de Bonneterie, en 1889, réunit 171 exposants
répartis comme il suit, suivant leurs nationalités :

France...............	60
Angleterre...... ...	2
Belgique	3
Equateur............	2
Espagne	6
Grèce...............	9
Luxembourg	1
Pays-Bas...........	1
Portugal............	2
Russie..............	4
Salvador	1
Serbie	60
Suisse	14
Brésil	1
Mexique	3
Nouvelle-Calédonie..	1
Sénégal	1

Ils obtinrent :

13 médailles d'or ;
26 médailles d'argent ;
42 médailles de bronze ;
22 mentions honorables ;

ainsi réparties :

A la France	8 médailles		d'or.
—	18	—	d'argent.
—	27	—	de bronze.
—	6 mentions		honorables.
A l'Etranger........	5 médailles		d'or.
—	8	—	d'argent.
—	15	—	de bronze.
—	16 mentions		honorables.

66 exposants, tous étrangers, ne furent pas classés ; la France et le Luxembourg avaient chacun un exposant hors concours, comme membres de jury.

La caractéristique de l'Exposition de 1889 est complexe : on y trouve des articles nouveaux ou que l'on peut considérer comme tels à cause de la place considérable qu'ils ont prise depuis peu de temps dans la consommation, comme le jersey, les tissus de coton fins ou les produits de la tricoteuse ; on y rencontre aussi les articles en mérino, couramment fabriqués et apprêtés aujourd'hui en France, alors qu'autrefois l'Angleterre en avait pour ainsi dire le monopole ; mais la note la plus saillante est à coup sûr l'envahissement de la fantaisie sous toutes les formes et dans toutes les sortes, entraînant la disparition presque complète de l'ancienne bonneterie classique ; le fait saute au yeux du visiteur dès son arrivée au milieu des vitrines ; il ne retrouve plus la bonneterie en coton écru ou blanchi qui en faisait le fond aux expositions précédentes : la couleur domine partout du haut en bas de l'échelle, dans les articles les plus chers comme dans les articles les plus communs. C'est qu'en effet la bonneterie, comme toutes les autres branches du vêtement, a été forcée de répondre aux exigences toujours croissantes du goût ; à elle aussi, la mode impose ses caprices et ses changements. On ne veut plus aujourd'hui de ce qui plaisait hier ; de là, toutes ces fantaisies d'impression, de rayures, de nuances diverses ; on préfère l'apparence à la qualité ; on repousse surtout de plus en plus les articles mal confectionnés ou mal présentés ; nous dirions presque qu'on n'ose plus les montrer et nous ne croyons pas nous écarter de la vérité en avançant que ce sentiment a empêché les fabricants d'articles communs d'exposer.

Un fait particulièrement intéressant à signaler à propos de l'Exposition de 1889, que les vitrines ne montrent pas et qu'il nous faut préciser pour le faire connaître, c'est la baisse considérable du prix de vente que les articles de bonneterie ont subie dans ces dernières années.

Perfectionnement de l'outillage, baisse de prix de la matière première, réduction des salaires dans certaines branches pour l'ouvrier et diminution générale des profits pour le producteur, fabrication peut-être poussée à l'excès et au-delà des besoins de la consommation, tout y a contribué et nous n'exagérons pas en fixant à 35 %, et 40 % la différence entre les prix de vente actuels 'et ceux d'il y a dix ans.

La fabrication des articles diminués, celle des articles en coton principalement, a le plus profité des progrès de l'outillage.

Le Rapporteur de 1878 citait à cette époque comme un progrès un métier produisant 6 bas à la fois jusques et y compris la pointe. Aujourd'hui, le fabricant de bas dispose de métiers faisant 12 bas à la fois dans les mêmes conditions que celui de 1878, c'est-à-dire jusques et y compris la pointe, marchant deux fois plus vite et faisant en plus la rayure. Les pantalons, les gilets, se font sur des métiers produisant 6 ou 8 pièces à la fois, les chaussettes sur des métiers à 15 têtes, les bords à côtes sur des métiers à 18 têtes. La couture à la main est aussi remplacée, soit par la couture à surjet, soit par la couture à la maille, obtenues toutes deux mécaniquement.

Les articles coupés ou circulaires ont plutôt bénéficié de la baisse des matières premières. Les progrès de l'outillage dans cette branche se bornent au plus grand nombre de chutes ou mailleuses sur un même métier, à l'emploi des machines à couper, ou bien encore à des perfectionnements de détail, comme les rouloirs et les charges automatiques.

Citons cependant, d'une façon plus spéciale, l'emploi de la grande mailleuse, particulièrement avantageux dans le travail de la laine et, depuis peu, la possibilité d'obtenir la rayure par la casse automatique des fils, ou les dessins les plus variés au moyen du vanisage électrique.

Enfin, si nous considérons les machines d'apprêt comme faisant partie du matériel de fabrication de la bonneterie, il nous faut citer aussi les progrès faits dans cette voie par l'emploi des coffres et presses à vapeur, des machines à cylindrer, à gratter, etc.

Les prix de façon de 1878 à 1889 ont subi une décroissance presque continuelle. Cette baisse a entraîné la disparition d'un intermédiaire, du façonnier employant des ouvriers pour le compte des fabricants, et, par ce fait, a favorisé le développement du travail en atelier ; elle a pesé aussi sur l'ouvrier d'atelier, mais a atteint surtout celui qui travaille chez lui. Néanmoins, le salaire quotidien est loin d'avoir baissé en proportion de la réduction des prix de façon. L'ouvrier à domicile, le plus atteint, s'est ingénié à produire plus et dans de meilleures conditions : ainsi l'ouvrier bonnetier en est arrivé à rebrousser pendant qu'il actionne son métier avec un système de pédales, travaillant à la fois des pieds et des mains. L'ouvrier d'atelier est devenu plus habile; il a oublié de plus en plus les chômages du lundi; il a bénéficié enfin de la possibilité de surveiller 2 et 3 machines des anciens systèmes; quant à ceux qui sont occupés aux métiers nouveaux et qui sont choisis parmi les plus capables, ils ont vu, au contraire, leur salaire augmenter.

Nous avons dit précédemment que l'avilissement des prix des articles de bonneterie avait aussi pour cause un surcroît de production : le marché français en effet a, dans ces dernières années, été absolument incapable d'absorber les quantités produites et, malgré l'extension de nos ventes à l'exportation, en concurrence avec les fabricants anglais et surtout avec les fabricants allemands qui étaient engagés dans la même voie de surproduction que nous, nous avons eu à plusieurs reprises une pléthore de marchandises; on peut même dire aujourd'hui que le mal est à l'état chronique.

Ayant ainsi défini les caractères généraux de l'Exposition de la bonneterie en 1889, ayant marqué à grands traits la situation actuelle de cette industrie, nous allons entrer dans le détail de ses diverses branches en mettant à profit les observations que nous a suggérées l'examen des vitrines.

BONNETERIE DE COTON

La bonneterie de coton continue à fournir le plus fort appoint à la fabrication de la bonneterie en France; dans un climat tempéré comme le nôtre, elle a pour clients le plus grand nombre; elle trouve aussi, depuis quelques années, d'importants débouchés à l'exportation. La grande consommation de ses articles exigeant par cela même une grande production, elle a profité plus spécialement des machines nouvelles et c'est dans son outillage, surtout dans celui qui est destiné à la production des articles diminués, que l'on trouve les progrès les plus récents et les plus considérables. Nous les avons indiqués plus haut.

Troyes, avec ses environs, est resté le grand centre de la production de la belle bonneterie de coton diminuée ou coupée; depuis longtemps aussi on y travaille la laine, et les articles de soie commencent à s'y produire. Les ateliers pourvus de force motrice sont nombreux et le nombre en va toujours croissant; grâce au savoir-faire de ses fabricants, devenus de vrais industriels, grâce à l'habileté et à l'intelligence de ses ouvriers, Troyes, — nous avons la satisfaction de le constater, — peut compter sur de nombreuses années prospérité.

Nous n'oserons pas en dire autant de la fabrication à la main, si répandue encore aujourd'hui dans les campagnes environnantes; elle disparaîtra avant peu devant les nouveaux métiers à grand nombre de têtes marchant au moteur; on usera les métiers qui existent, on ne les remplacera pas; on les restreindra de plus en plus à la production de quelques beaux articles demandant une fabrication particulièrement soignée.

Les exposants de bonneterie de coton diminuée ou coupée appartiennent tous, sauf trois, au département de l'Aube. Tous les articles diminués, bas unis ou à côtes, chaussettes d'hommes, chaussettes d'enfants, pantalons, gilets, etc., étaient d'excellente fabrication, faits avec de belles matières et surtout d'un fini parfait au point de vue de l'impression, de la teinture et des apprêts.

La bonneterie coupée avait des expositions remarquables en articles fins, pantalons et gilets, destinés à l'exportation; dans les articles communs, nous n'avons rencontré qu'une seule vitrine, satisfaisante d'ailleurs en tous points. Mais nous avons regretté de ne voir figurer ni les articles diminués en coton de Moreuil, ni les articles coupés de Falaise ou d'Orléans.

La ganterie de fil d'Ecosse a disparu, ruinée par la fabrique saxonne, comme l'avait d'ailleurs prévu l'honorable Rapporteur de 1878.

BONNETERIE DE LAINE

L'intérêt de l'exposition de la bonneterie de laine, en 1889, est tout entier dans l'article coupé. La bonneterie diminuée, les articles courants de Picardie, par exemple, font complètement défaut et, nous ne pouvons signaler que deux vitrines présentant, l'une des articles unis, diminués, de toute première fabrication, l'autre des articles à côtes également de parfaite qualité.

Il n'en est pas de même de l'article coupé, admirablement représenté par le jersey et aussi par l'article dit hygiénique, importé tout récemment d'Allemagne.

La place considérable prise par le jersey dans la consommation et le caractère spécial de sa fabrication nécessitent pour ce tissu une mention particulière.

Il nous a été affirmé que le jersey avait été inventé à Troyes. Un tailleur pour hommes, M. Bonbon père, avait, il y a trente ou quarante ans, imaginé d'utiliser les propriétés élastiques du tricot, jointes aux ressources de la confection, pour faire avec le tissu circulaire en laine un vêtement ajusté et à bas prix à l'usage de la femme.

Pour quelles raisons une idée qui devait recevoir plus tard du consommateur un accueil aussi favorable, passa-t-elle alors inaperçue? Nous ne saurions le dire; mais, bien probablement, la cause en fut dans le manque ou dans l'insuffisance de l'apprêt du tissu employé.

C'est qu'en effet l'industrie du jersey procède avant tout de celle de l'apprêt. Le tissu de bonneterie, tel qu'il sort du métier, serait absolument impossible à employer; il faut, par le foulage qui vient resserrer la maille, lui enlever sa transparence, tout en lui laissant son élasticité; il faut ensuite, par le tondage et le glaçage, lui rendre le brillant que lui a fait perdre le foulage. C'est sur l'industrie de la ganterie, qui employait déjà le tissu de bonneterie apprêté d'une manière analogue, qu'est venu se greffer l'industrie du jersey, et les premiers fabricants de ce tissu furent d'anciens fabricants de gants.

Les vitrines du jersey sont remarquables à tous égards.

En dehors de la perfection de nuances et d'apprêt, de la qualité des matières qu'elles font toutes valoir, les unes présentent des spécimens de confection remarquables par leur richesse ou leur élégance et dignes de nos grands couturiers ; les autres, non moins intéressantes, montrent le jersey à bon marché, celui de grande consommation ; nous avons ainsi repris à l'Allemagne un article dont nous étions tributaires et qu'elle importait chez nous en quantités considérables.

A côté du jersey, et dans la même catégorie, il faut ranger l'article de laine dit hygiénique ; créé et mis à la mode en Allemagne, il y a une dizaine d'années, par le docteur Jäger, il y prit rapidement un essor considérable ; le métier circulaire à grande mailleuse, judicieusement appliqué par les fabricants allemands au tissage de la laine, et des filés irréprochables en favorisèrent le développement ; d'autres articles, produits fantaisistes du même métier, imitant le drap et s'appliquant à la confection pour hommes, vinrent s'y joindre et, en peu d'années, Verviers, Aix-la-Chapelle, Stuttgardt et Berlin, virent se monter d'importants ateliers de tissage et d'apprêt.

Nous regrettons que la bonneterie française, sans paraître s'en préoccuper, ait laissé l'Allemagne se livrer à ce nouveau genre de fabrication ; c'est, en effet, l'industrie de la laine, plus directement mise en cause par suite de la place importante de la matière première dans le prix de revient de l'article, qui s'y est intéressée ; nous avons vu alors des filatures de laine de Roubaix et d'autres centres lainiers monter des métiers circulaires et, utilisant leurs propres filés, reproduire l'article allemand. Les fabricants ont eu de nombreuses difficultés à surmonter, mais leurs expositions témoignent de leurs efforts par les résultats qu'elles mettent en évidence.

La bonneterie de laine était encore représentée par le gilet de chasse et par le chausson. Deux fabricants pour l'un, quatre pour l'autre, avaient exposé des produits bien faits et répondant comme prix à tous les besoins de la consommation.

Nous signalerons aux premiers la concurrence redoutable que peut leur faire la fabrique belge ; nous félicitons les seconds d'être entrés dans la voie de l'outillage mécanique ; mais nous voudrions aussi les mettre en garde contre l'emploi de matières premières trop communes. Nous savons que les nécessités de prix de vente imposent une telle manière de faire, mais l'avenir d'une industrie est toujours menacé quand elle donne prise à la critique du consommateur.

Il nous faut encore, et pour terminer à propos de l'exposition de la bonneterie de laine, parler des articles au crochet : châles ou capuchons, brodequins, guêtres et mitons d'enfants, largement représentés par la vitrine collective de Roanne et par celles des fabricants de Paris et des Pyrénées.

Fidèle à notre principe d'encourager les expositions collectives, nous félicitons les fabricants de Roanne de la bonne disposition de leur vitrine et de la qualité de leurs articles ; les expositions de leurs confrères de Paris ou du Midi avaient la même valeur et méritaient les mêmes éloges.

Objets de goût avant tout, presque de fantaisie, les articles au crochet exigent un mode de fabrication tout spécial. Roanne en est le centre principal et la fabrication y remonte à quarante ans environ. Deux Maisons de Roanne, une autre dans les Pyrénées, ont, depuis quelques années seulement, eu recours aux procédés mécaniques ; elles luttent avantageusement contre leurs concurrents d'Outre-Rhin et commencent à enrayer l'importation allemande. Tous les autres fabricants, soit de Roanne, soit de Paris (la ville de Roanne en compte vingt-huit à elle seule), font travailler à la main.

Ils n'ont chez eux qu'un nombre restreint d'ouvrières qu'ils occupent à faire les échantillons nouveaux, à préparer l'ouvrage pour les ouvrières du dehors ou à recevoir leur travail. Celles-ci sont répandues dans les villages ou pays environnants ; beaucoup, dont le déplacement serait trop difficile, travaillent sous la direction de contremaîtresses qui rendent l'ouvrage tous les huit ou quinze jours.

Le nombre des ouvrières employées dans la région de Roanne peut être évalué à 20.000 ; elles travaillent six mois de l'année ; leurs salaires varient de 0ʳ 50 à 1ʳ 50, suivant le genre d'articles et surtout suivant le temps pendant lequel elles travaillent, car beaucoup ne le font qu'à moments perdus. Le total de leurs salaires peut s'élever à 3 millions de francs, correspondant à une production de 9 à 10 millions.

Les laines mohair sont fournies par l'Angleterre, les autres sortes viennent d'Amiens, de Tourcoing et de Roubaix.

BONNETERIE DE SOIE ET DE BOURRE DE SOIE

La bonneterie de soie est restée en 1889 ce qu'elle était aux expositions précédentes, un modèle de goût èt de bonne exécution. Toutes les vitrines rivalisent entre elles par l'éclat des couleurs, la richesse des broderies, le fini du travail, et il a fallu chercher au-delà pour apprécier le mérite comparé des exposants; les progrès faits par les uns ou par les autres, dans l'emploi des procédés mécaniques, nous ont fourni le terme de comparaison dont nous avions besoin.

Dans cette voie, et en faisant exception pour une maison de premier ordre qui a toujours marché de l'avant, les fabricants du Midi semblent devoir être devancés par leurs concurrents de Troyes et de Paris.

L'extension de ses moyens de production, le maintien de la bonne qualité de ses produits, ont mis la bonneterie de soie dans une bonne situation pour les articles proportionnés : bas, chaussettes, caleçons, gilets. Il n'en est pas de même de la ganterie, qui n'a pu soutenir la lutte avec l'Allemagne et dont la production a été constamment décroissante dans ces dernières années. Il faut noter aussi, de la part de l'acheteur, la recherche de plus en plus grande de l'apparence et du bon marché; cette tendance a arrêté, sinon diminué, en France, la consommation de la soie et a développé en échange celle de la bourre de soie; on fabrique même aujourd'hui, en imitation de ceux que l'Allemagne nous fournissait, des articles avec schappe à l'endroit et coton à l'envers, autrement dit avec schappe vanisée de coton.

Les chiffres des exportations et des importations de la bonneterie de soie, durant ces trois dernières années, justifient cet état de choses.

Elle a exporté, en effet, en 1887, pour 1.488.280 fr.
—   —   1888,   3.537.710
—   —   1889,   2.028.405
Et importé, en 1887,   2.726.262
—   1888,   1.711.384
—   1889,   1.642.016

La diminution croissante des importations, l'augmentation

des exportations peuvent s'expliquer par le développement de la fabrication française d'articles en schappe précédemment tirés du dehors, et par la faveur de plus en plus marquée que nos produits trouvent sur les marchés étrangers.

Une statistique, aussi approximative que peut la fournir une industrie dont les moyens de production sont aussi disséminés que ceux de la bonneterie de soie, porterait à 27.000 et à 37.000 kilos les quantités de soie et de schappe employées annuellement. En fixant à 150 fr. le prix du kilo de soie manufacturé et à 60 fr. celui du kilo de schappe, la bonneterie de soie représenterait, en fabrique, un chiffre de 6.300.000 fr., correspondant à un chiffre d'affaires de 10 millions environ. Elle occuperait encore 1.900 métiers avec 4.500 ouvriers ou ouvrières.

BONNETERIE TRICOTÉE

Nous ne pouvons pas terminer cette revue des divers genres de bonneterie, sans parler d'une catégorie spéciale : celle de la bonneterie tricotée, faite sur la machine Lamb ou sur une machine similaire, rectiligne ou circulaire. D'une nature toute particulière par son genre de fabrication, par la classe et le nombre de ses consommateurs, par son outillage, elle mériterait un long chapitre que le cadre de notre travail nous force malheureusement d'abréger.

Nous avons parlé déjà de la tricoteuse, de ses appropriations multiples à la fabrication de l'uni ou de la côte, de sa facilité de production, soit à cause du bas prix de ses façons, soit à cause du peu d'apprentissage qu'elle nécessite, soit enfin parce qu'elle fournit des articles entièrement finis, prêts à la consommation. Ces qualités réunies lui assurèrent un développement rapide et considérable. Exploitée d'abord en atelier par un petit nombre de fabricants qui utilisaient la main-d'œuvre des centres où ils l'avaient trouvée sans emploi jusqu'alors, elle pénétra ensuite dans un autre milieu de producteurs, merciers ou petits marchands, qui fabriquaient et vendaient sans faire le prix de revient raisonné du vrai fabricant; il en résulta une dépréciation rapide des prix, puis de la qualité et, comme conséquence finale, l'arrêt du développement de l'article. Mais son importance acquise est telle qu'il gardera longtemps encore les faveurs du consommateur auquel il plaît par ses apparences de force et de solidité et il faudra de nouveaux progrès du grand outillage pour le supplanter.

La bonneterie tricotée était représentée à l'Exposition par trois vitrines : deux d'articles de laine, une d'articles de coton. Les exposants avaient gardé les traditions premières d'une bonne fabrication.

BONNETERIE DE LIN

La fabrication de la bonneterie de lin, connue aussi autrefois sous le nom de bonneterie de fil, a complètement cessé en France et aucun produit de cette branche ne figurait à l'Exposition. Les tableaux de douane mentionnent cependant encore des articles de fil, mais qui sont réellement de fil d'Ecosse, autrement dit de coton. Il n'y a là qu'une grossière erreur de désignation.

Expositions étrangères

Nous arrivons maintenant à l'étude des expositions étrangères. Suivant l'ordre du catalogue, nous nous arrêterons seulement aux expositions où nous rencontrerons des articles de bonneterie.

BELGIQUE

La Belgique avait, il y a quelques années, des fabriques relativement importantes d'articles diminués ou coupés ; les importations étrangères d'Allemagne, de France et d'Angleterre, les ont fait disparaître peu à peu. Elle a conservé toutefois la fabrication du gilet de chasse, et l'exposition, dans deux vitrines, des types les plus variés dénote une fabrication bien dirigée et bien comprise. Nous y avons distingué aussi des châles, des fichus, enfin des articles tricotés à la machine, présentant tous l'aspect d'une bonne fabrication courante.

EQUATEUR

Ce pays a exposé quelques articles tricotés à la machine ; ils ne présentaient d'ailleurs aucun intérêt.

ESPAGNE

La bonneterie espagnole, nous devrions dire plutôt la bonneterie catalane, mérite une mention spéciale, par suite du développement rapide qu'elle a pris.

L'introduction du métier à bas de Lee paraît y remonter à 150 ans environ ; il y fut importé probablement par des ouvriers français, car les principaux organes, la grille et les ondes, ont conservé leur appellation française ; les termes techniques français, tels que le crochement du métier, se retrouvent couramment encore dans le vocabulaire de l'ouvrier bonnetier espagnol. La fabrication, en tous cas, était restreinte et limitée entièrement à celle du bas de soie.

En 1840, parurent les premiers métiers circulaires à mailleuses ; les résultats furent longs à obtenir, et ce n'est guère qu'en 1867 que la bonneterie prit son véritable essor, avec les métiers tubulaires à côte ou à maille unie, puis avec lés métiers circulaires à grand diamètre, d'origine anglaise, qui se répandirent rapidement sous le nom de *Batteria*.

A la suite de l'Exposition de 1878, les fabricants espagnols tirèrent de France le métier Paget ou Hollandais ; depuis peu, ils ont adopté le métier Cotton avec tous ses perfectionnements.

Des essais tout récents se portent sur la reproduction de l'article allemand imitant le drap, sur celle du jersey avec les métiers circulaires à grande mailleuse, enfin sur celle des tricots fins en coton jumel.

La bonneterie espagnole compte aujourd'hui des fabriques de premier ordre ; elle emploie la laine et le coton, mais la majeure partie de sa production consiste encore en articles circulaires à bas prix ; elle est même arrivée à les produire dans des conditions suffisamment avantageuses pour qu'en ces derniers temps elle ait pu porter ombrage à la fabrique anglaise sur les marchés de Londres et de Hambourg. Elle est bien placée, en effet, pour l'approvisionnement de ses cotons, qu'elle tire du Levant et que souvent elle file elle-même ; elle est aussi particulièrement favorisée sous le rapport de la main-d'œuvre, celle de la femme surtout. On ressent déjà l'influence des mœurs des pays chauds qui, à l'inverse de nos contrées du nord, imposent à la femme les travaux les plus rudes. Personnellement, il nous a été donné de voir des femmes, mères de famille, se rendre à l'atelier pendant que le mari restait au logis, vaquant aux soins de l'intérieur. L'ouvrière catalane, particulièrement habile et intelligente, se prêtait bien aux besoins de la confection d'articles coupés ; et son travail, coïncidant avec l'introduction des métiers mus par une force motrice qu'elle est également arrivée à conduire, a été une des principales causes de la prospérité de la bonneterie en Espagne.

Mataro est le centre de la fabrication de la bonneterie de coton. Dans un rayon restreint : Arenys, Canet, Calella, Barcelone ; plus au midi, Valls, qui compte une fabrique d'articles tricotés à la machine et particulièrement soignés ; Tarragone, Valence et Malaga en fabriquent aussi.

La bonneterie de laine se fait à Olot, à San-Esteban-de-Bas, enfin à Puycerda et à Livia, sur la frontière française.

Une fabrication relativement aussi importante ne peut être absorbée par le marché espagnol ; la plus grande partie, qu'on peut évaluer à 5.000.000 de francs, est livrée à l'exportation qui se fait surtout dans les colonies espagnoles, Cuba et les Philippines, enfin dans l'Amérique du Sud.

L'exposition espagnole n'était pas en rapport avec l'importance de la production de ce pays, et nous avons regretté l'absence de maisons de premier ordre connues par leur bonne fabrication. Deux expositions de bérets, deux importantes vitrines d'articles de coton, quelques-uns diminués, mais la plus grande partie coupés, enfin une vitrine de gilets de chasse, suffisaient pour faire apprécier le mérite des exposants espagnols.

ETATS-UNIS.

Les Etats-Unis ne présentaient aucun exposant de bonne-terie. La chose est d'autant plus regrettable que les essais de leurs constructeurs se portent dans un tout autre sens qu'en Europe : tous leurs efforts se concentrent sur la machine à tricoter circulaire ou rectiligne ; à en juger par la publication de leurs nombreux brevets, ils semblent en avoir obtenu de sérieux résultats auxquels manque, en apparence toutefois, la sanction de la pratique.

GRANDE-BRETAGNE.

L'exposition de bonneterie anglaise était pour ainsi dire nulle. Elle comptait une seule vitrine d'articles très ordinaires.

Nous ne pouvons qu'exprimer à nouveau le regret de n'avoir pas rencontré les grands fabricants de Nottingham ou de Leicester. En supposant que nous ayons pu rencontrer des mérites égaux aux leurs, nous devons proclamer que c'est à eux que revient l'honneur d'avoir ouvert la voie aux procédés mécaniques et d'avoir été les premiers à faire de la bonneterie la grande industrie qu'elle est aujourd'hui.

GRÈCE.

La Grèce présentait seulement quelques articles tricotés à la machine; cette exposition était dénuée d'intérêt.

ITALIE.

L'exposition de la bonneterie italienne était sans impor-tance; à peine quelques articles en soie ou en schappe, — gants et bonnets. — Néanmoins, ce pays a eu des intérêts tellement connexes avec les nôtres, à l'époque toute récente encore où nous lui fournissions une notable partie de sa consommation en beaux articles, la fabrication des produits plus communs y a pris, depuis vingt-cinq ans environ, un tel développement, que nous croyons intéressant de lui accorder plus qu'une simple citation.

La bonneterie s'est développée en Italie parallèlement aux autres industries à partir de 1866, c'est-à-dire peu de temps après la constitution politique de ce pays. Les débuts, toutefois, furent seuls favorables à la bonneterie circulaire; grâce à une main-d'œuvre exceptionnellement bon marché, elle progressa assez rapidement dans la Haute-Italie pour suffire non-seulement à la consommation nationale, mais encore pour alimenter des affaires importantes d'exportation avec l'Orient et avec l'Amérique du Sud.

Entraînés dans cette voie facile, les fabricants italiens se désintéressèrent presque complètement de la fabrication des articles diminués, et des diverses machines circulaires, ils n'en utilisèrent d'abord qu'une seule : la tricoteuse. Encore faut-il ne pas leur attribuer entièrement le mérite de l'exploitation de cette machine; elle fut plutôt adoptée par les petits fabricants à façon, et appliquée par eux à la production des articles de grande consommation, gros de maille, ou de matière commune; les articles plus fins ou mieux finis continuaient à être tirés de France ou d'Allemagne. C'est dans ces dernières années seulement que des essais, suivis d'excellents résultats, ont été faits pour introduire les nouveaux métiers à bas ou à chaussettes; Caronno, près Milan, compte la plus importante fabrique en ce genre; d'autres se rencontrent encore à Milan, à Biella et à Gênes. Biella, avec ses environs, Occhieppo et Pettinengo, est le grand centre de la fabrication de la bonneterie circulaire en Italie. Une statistique officielle y a relevé, pour l'année dernière, 22 fabriques utilisant près de 300 chevaux de force, employant 1000 métiers et occupant plus de 2000 ouvriers, hommes, femmes ou enfants.

Turin, Gênes et Milan comptent aussi un grand nombre d'ateliers réunissant près de 1200 métiers ; dans ces mêmes villes, les articles tricotés à la main, les châles, les capelines, les robettes pour enfants, occupent un grand nombre de femmes ; ils se produisent aussi mécaniquement dans une importante fabrique de Ferrare, sur le métier circulaire ou sur le métier à chaîne; enfin, le gilet de chasse, la camisole à côte, se fabriquent dans la Haute-Italie sur la tricoteuse.

Venise, qui avait autrefois d'importantes fabriques de fez,

les a vues disparaître devant la concurrence de la Bohême.

La bonneterie italienne, à part quelques fils fins en laine qu'elle tire encore de Suisse, d'Allemagne ou de Belgique, trouve aujourd'hui toutes ses matières premières, laine ou coton, dans le pays même; la hausse des tarifs douaniers de ces dernières années a permis à la filature italienne de s'outiller; elle peut satisfaire aujourd'hui à tous ses besoins, et le retour à l'ancien état de choses ne ramènerait pas les affaires que nous avons perdues.

Enfin, des chiffres intéressants à citer, conséquence du nouveau régime douanier, sont ceux des importations de la bonneterie étrangère en Italie dans ces deux dernières années.

De 379.000 fr., représentant 38.600 kilos en 1888, elle est tombée, en 1889, pour les six premiers mois, à 65.000 fr. pour 6.400 kilos. Même en tenant compte de l'élévation anormale des expéditions étrangères dans les quelques mois qui ont précédé le changement du tarif, on ne peut s'empêcher d'être frappé de l'écart de ces chiffres. Fourniront-ils la preuve de l'efficacité du protectionnisme pour assurer le développement à brève échéance de la bonneterie en Italie? Donneront-ils raison au libre-échangisme qui en déduit l'élévation des prix au détriment du consommateur, tant que la production ne dépassera pas la consommation? L'avenir seul répondra.

Grand Duché de Luxembourg

Nous y avons trouvé une exposition complète d'articles en laine fabriqué au métier circulaire, bien apprêtés et répondant aux besoins d'une bonne consommation courante.

Pays-Bas

L'exposition des Pays-Bas présentait une seule vitrine d'articles circulaires et diminués, en laine et coton. Moins complète que celle du grand Duché de Luxembourg, elle s'en rapprochait cependant pour la valeur et le genre des objets exposés; elle laissait présumer l'emploi de moyens analogues de production et la nécessité de satisfaire les mêmes besoins.

PORTUGAL

Avec deux vitrines seulement, l'exposition de la bonneterie portugaise comportait un certain intérêt, L'une présentait des articles coupés et à bon marché, d'une fabrication presque primitive et répondant sûrement aux seuls besoins du pays ; l'autre témoignait d'une grande initiative dans l'emploi des métiers nouveaux par les articles diminués, en soie, en laine ou en coton qu'elle renfermait. Inférieurs évidemment comme fini et comme exécution aux produits similaires français, ils rivalisaient presque avec ceux que présentaient l'Espagne ; aussi les avons-nous placés sensiblement sur la même ligne.

RUSSIE

La Russie exposait dans deux ou trois vitrines des châles en poils de chèvre ou en cachemire d'une finesse extraordinaire, — véritable tour de force comme exécution, si l'on considère que le fil aussi bien que le tricotage en étaient faits à la main.

SUISSE

L'exposition de la bonneterie suisse était la plus complète et la plus intéressante de toutes celles qu'offraient les pays étrangers ; sur seize vitrines d'accessoires du vêtement, la bonneterie en occupait huit à elle seule dans la section Suisse.

Tous les genres, en laine, en soie ou en coton, s'y trouvaient représentés : les articles diminués obtenus sur des métiers mécaniques étaient de bonne fabrication ; l'outillage suisse, cependant, en est encore sous ce rapport au métier Paget et ne possède pas le métier Cotton. Les produits du métier circulaire, en laine, dits hygiéniques, copie des articles allemands, étaient bien traités aussi et surtout convenablement apprêtés.

Mais l'originalité et la valeur des vitrines de la fabrique suisse provenaient surtout d'un article créé par elle, il y a quelques années seulement, et adopté avec la plus grande faveur par la consommation ; nous voulons parler de la che-

misette suisse. Nous en avons vu les plus jolis modèles, tant
pour la qualité de la matière première, — laine ou soie, —
que pour les broderies, la variété des couleurs ou les orne-
mentations au crochet; et, si la fabrique française, sous le
nom de cache-corset, a exposé des produits similaires, quelques-uns même de premier ordre, grâce à des procédés de
fabrication ou à l'emploi de matières premières différentes,
la Suisse garde une incontestable supériorité pour le fini de
l'exécution, le choix des matières, et, à qualité égale, pour
l'intériorité de ses prix.

D'une production relativement facile, puisqu'elle se fait
généralement sans diminutions, la chemisette suisse est
entièrement fabriquée sur la tricoteuse qui, n'ayant à fournir
que du tricotage, rend tout ce qu'elle peut donner. Utilisant
ainsi tout le pouvoir producteur de sa machine, ayant à dis-
crétion, aussi bien pour le travail du tricotage que pour celui
de la broderie et du crochet, une main-d'œuvre féminine extrê-
mement habile et peu coûteuse, trouvant à s'approvisionner,
tout autour de lui, de matières premières parfaitement tra-
vaillées et de premier choix, le fabricant suisse réunit tous les
éléments de succès et nous ne devons pas dès lors nous
étonner si certaines maisons ont vu en trois ou quatre ans
leurs chiffres d'affaires monter de 12.000 fr. à un million et
plus.

La vogue de l'article persistera-t-elle? Sa qualité, déjà bien
réduite dans certains genres fabriqués en France, par suite
de l'énorme concurrence de ses producteurs, amènera-t-elle
sa dépréciation près du consommateur? Nous ne saurions
nous prononcer; nous croyons cependant que si la Suisse
sait résister à l'entraînement, si elle sait maintenir la bonne
qualité de ses produits, elle conservera son monopole pour
ces articles.

BRÉSIL

Le Brésil fait, depuis quelques années, des efforts sérieux
pour développer la fabrication des articles de bonneterie. Des
machines d'origine française ont été importées à Rio-de-

Janeiro et à Saint-Paul; des ouvrières et des ouvriers français y ont été appelés.

Les résultats acquis à ce jour, et que laissent entrevoir les quelques produits exposés, doivent plutôt être considérés comme un gage de la fabrication future de ce pays.

MEXIQUE

Le Mexique semble être, parmi les pays d'outre-mer, un de ceux qui se préoccupent le plus d'importer la fabrication des articles de bonneterie. L'élévation des tarifs de douane est assurément une des causes de ce mouvement qui se manifeste par de fréquentes demandes de machines adressées aux constructeurs français; nous en trouvons une autre preuve dans les produits exposés par deux fabricants; ils dénotent encore, il faut le reconnaître, l'inexpérience des ouvriers; mais ils témoignent, en revanche, d'un grand esprit d'initiative.

RÉSUMÉ ET CONCLUSIONS

———

Résumant nos impressions, nous pouvons hardiment dire que la bonneterie en France est aujourd'hui une grande et belle industrie. Elle a des usines qui réunissent tous les perfectionnements de la construction et des installations industrielles, où les ouvriers se comptent par centaines et dans lesquelles la vapeur met en mouvement les métiers les plus perfectionnés ; elle peut satisfaire, dans tous les genres, à la consommation si variée du pays ; pour la vente à l'étranger, elle a ses comptoirs à Paris et dans les autres grands centres d'exportation ; son chiffre d'affaires atteint aujourd'hui 175 millions[1] et, sans craindre d'être taxé d'exagération, elle peut être placée au nombre des industries les plus vitales du pays.

A côté de la louange, cependant, doit se placer la critique : les fabricants de bonneterie ont le défaut, dans leurs rapports avec l'extérieur, de traiter trop exclusivement par l'intermédiaire des maisons de commission ; le système est plus sûr, il supprime presque totalement les chances de pertes, mais il a l'inconvénient de grever la marchandise à son lieu d'arrivée, et, de ce chef, nous sommes dans un état d'infériorité marquée vis-à-vis des fabricants anglais et surtout allemands, qui ont établi leurs propres comptoirs au loin.

Le fabricant de bonneterie français sait choisir et acheter ses matières premières ; il a le goût et la précision dans l'exécution ; il possède aujourd'hui les connaissances techniques de l'usinier ; il s'entend aux questions de machines, d'orga-

———

[1] Voir la pièce justificative *B*.

nisation et d'administration industrielles, mais il n'est pas encore commerçant dans la véritable acception du mot : il sait fabriquer, il ne sait pas écouler ses produits. Hâtons-nous de dire qu'en parlant ainsi nous faisons le procès de la génération actuellement aux affaires et que, logiquement, avant de savoir bien vendre, il fallait déjà bien fabriquer. C'est aux nouveaux venus qu'incombera la tâche de compléter l'œuvre de leurs aînés ; à en juger par les tentatives que nous voyons autour de nous, ils n'y failliront pas.

Les relations sur le marché de l'intérieur, entre fabricants et acheteurs de gros, se sont profondément modifiées dans ces dernières années. Autrefois, la fabrication se faisait presque exclusivement sur ordres, avec les temps de chômage ou de ralentissement que comportait ce mode de procéder. Aujourd'hui, avec la nécessité de faire travailler sans interruption le matériel en atelier, la fabrication n'arrête plus ; mais le stock s'est créé dans tous les genres, et le magasin du fabricant est devenu pour ainsi dire celui de l'acheteur.

La bonneterie, enfin, s'est profondément ressentie du système de vente pratiqué par les grands magasins de Paris. Objet de première nécessité s'adressant à la masse des consommateurs, elle devait y trouver d'importants débouchés, et elle a vu en effet s'écouler par leur intermédiaire des quantités considérables de marchandises. Cette nouvelle voie, pour arriver au consommateur, lui a-t-elle été profitable ? L'apparence serait pour l'affirmative, puisque l'augmentation de consommation est généralement la conséquence d'un abaissement du prix de vente, conséquence elle-même des meilleures conditions de production ; mais un examen plus approfondi montre vite que la réduction des prix de vente a dépassé de beaucoup celle du prix de revient. Entraînée par le mirage d'affaires importantes et traitées au comptant, la fabrique a cédé peu à peu sur ses prix ; peu à peu aussi ces puissants intermédiaires se sont imposés à elle comme moyens d'écoulement, et elle ne pourrait aujourd'hui se priver de leur concours malgré la faible rémunération qu'elle y trouve.

Cet état de choses persistera, car le consommateur a trouvé des facilités d'achat inconnues jusqu'alors et auxquelles il ne renoncera pas; c'est au producteur à chercher à lui garder cette satisfaction, tout en défendant ses intérêts. Dans cet ordre d'idées, en ajoutant que le système qui prévaut aujourd'hui sera détrôné demain par un autre plus parfait, nous nous demandons si nous ne verrons pas, dans un jour prochain, les producteurs d'un ou plusieurs articles similaires s'unir en des sortes de syndicats, et chercher à écouler leurs produits dans de vastes magasins dont ils seraient à la fois les fournisseurs et les administrateurs.

Si l'industrie de la bonneterie a été profitable au fabricant pendant ces vingt dernières années, l'ouvrier bonnetier a bénéficié dans une large mesure, et d'une façon justement méritée d'ailleurs, des années de prospérité qu'elle a traversées. Sa situation matérielle et morale a complètement changé. Aujourd'hui, son travail s'effectue dans les conditions les plus normales; il ne lui est demandé qu'un effort physique raisonnable; en revanche, il lui faut être habile et intelligent; mais l'adresse et l'habileté se paient, et ses salaires, comparés à ceux des autres industries, sont sensiblement plus élevés; enfin, et c'est un immense avantage de la bonneterie pour la classe ouvrière, tous trouvent à s'employer: hommes, femmes et enfants, du plus fort au plus faible, et toujours d'une façon largement rémunératrice [1].

Une situation matérielle meilleure a entraîné forcément un état moral meilleur.

---

[1] En 1890, les salaires des ouvriers et ouvrières travaillant en atelier peuvent être évalués comme il suit :

Pour les hommes de 4 fr. 50 à 7 fr. 50.

Pour les femmes et les jeunes filles, de 2 fr. à 3 fr. 50.

Pour les enfants (12 à 16 ans), de 0 fr. 75 à 2 fr.

Les ouvriers travaillant à façon chez eux sont moins bien partagés, surtout les hommes. Ceux-ci ne gagnent guère, en effet, que de 3 fr. à 3 fr. 50 par jour; les femmes peuvent encore obtenir pour certains travaux plus avantageux, tels que la broderie, de 1 fr. 50 à 3 fr.

Ces chiffres ne doivent être considérés que comme des moyennes pouvant présenter des exceptions encore assez nombreuses. C'est ainsi que l'on rencontre couramment dans nos ateliers des ouvriers plus habiles, plus intelligents, gagnant jusqu'à 8 et 9 fr., des femmes obtenant des salaires de 4 fr. et 4 fr. 50.

L'instruction aidant, l'ivrognerie, les absences du lundi, sont choses à peu près disparues aujourd'hui de nos grands ateliers de Troyes ; et, en faisant la part des effervescences de caractère ou de tempérament de jeunes gens de seize à vingt ans, on peut dire que l'ouvrier bonnetier, revenu du service militaire, marié, père de famille, est digne à tous égards de considération.

Malgré un état de choses aussi favorable, la bonneterie n'a pas échappé aux agitations ouvrières et, durant ces deux dernières années, elle a vu à plusieurs reprises ses principales usines arrêtées par les grèves ; mais à chaque fois le mouvement, qui était l'œuvre de quelques meneurs et non le résultat d'un véritable mécontentement de la masse ouvrière, s'est localisé dans un seul établissement.

Les deux dernières grèves ont particulièrement montré combien l'institution des Chambres syndicales ouvrières était actuellement détournée de son véritable but. Les utopistes qui en ont pris la direction en ont fait de vrais instruments politiques, sans se douter que par cela même ils les conduisaient infailliblement à leur perte.

Et maintenant, après avoir fait revivre le passé, après avoir aussi montré le présent, nous pouvons poser en matière de conclusion cette dernière question : Quelles seront les conditions de l'avenir ? Quelles nouveautés attendent nos successeurs ? Dans quel cercle évolueront-ils ?

Tout d'abord, il semble téméraire de chercher à répondre ; mais si l'on veut ne pressentir qu'une période de temps relativement courte, trente ou quarante ans, on peut, sans courir chance de se tromper beaucoup, prévoir dans ses grandes lignes la marche future de notre industrie.

A priori, elle reste soumise à la loi commune du progrès.

Résultat immédiat de la force vive de l'humanité, qui ajoute chaque jour au labeur de la veille celui de la journée, le progrès, suivant une expression mathématique, est *une constante* dont l'action a été et sera de tous les temps. Notre siècle lui doit ces grandes découvertes scientifiques dont l'industrie et le commerce ont eu les premiers bénéfices. Le champ en ira toujours grandissant et nos futurs bonnetiers y trouveront à coup sûr matière à de nouveaux perfectionnements.

N'ayant pas la prétention de prédire l'avenir, nous n'entreprendrons pas de les préciser; nous essaierons tout au plus d'en entrevoir quelques-uns. Nous laisserons de côté dans cette recherche les améliorations que pourront réaliser les industries accessoires de la filature, de la teinture ou des apprêts, ou bien encore celles qui se rattachent aux forces motrices, à la construction, au chauffage, à l'éclairage des ateliers; elles auront pour conséquences certaines une plus-value dans la qualité des produits de la bonneterie et bien probablement un abaissement de leur prix de revient; mais, à côté de ces causes secondaires agissant d'une manière réflexe, il en est d'autres, d'action plus directe, que nous pouvons scruter davantage; nous voulons parler des progrès de l'outillage, ou, d'une manière plus générale, des progrès qui pourront surgir dans la fabrication, puis de ceux qui se rattacheront plus spécialement à la partie commerciale.

Nous ne prévoyons pas de changements notables dans la première, limitée bien entendu à la production des articles existant aujourd'hui; nous ne voulons pas dire par là que l'ère des inventions soit fermée et qu'il ne faille pas espérer de l'avenir des machines supérieures à celles que nous possédons; on peut affirmer, au contraire, qu'il s'en produira; mais ce que l'on peut affirmer aussi, c'est que les machines nouvelles ne présenteront pas sur celles que l'on emploie aujourd'hui des avantages comparables à ceux qu'elles ont permis de réaliser depuis 3o ans. Les chiffres suivants sont la meilleure preuve de l'exactitude de cette assertion.

En 1867, la façon d'une douzaine de bas de maille mi-grosse était payée à l'ouvrier travaillant sur le métier à la main, 9 fr.; celle d'une douzaine de chaussettes, 5 fr.; celle d'une douzaine de bords à côte, 1 fr. 25. Ces mêmes articles sont payés aujourd'hui, avec les métiers mécaniques, o fr. 65, o fr. 5o, o fr. o6.

Dans la même période, le salaire quotidien de l'ouvrier est monté, de 2 fr. 5o et 3 fr., à 7 et 8 fr.; le prix de vente a varié en proportion inverse, et le consommateur peut acheter actuellement à 7 fr. 5o la douzaine de bas qu'il payait 18 fr. autrefois.

Ainsi, réduction de plus de moitié dans les prix de vente, salaires doubles pour les ouvriers, prix de façon baissés de 90 %, — nous ne disons pas prix de revient, car alors il faudrait faire intervenir la question des frais généraux, — tel est le résultat de la substitution du travail mécanique à la fabrication à la main.

En présence des progrès réalisés, surtout à propos des façons qui relèvent directement de l'outillage, nous sommes fondés à dire qu'on a fait beaucoup plus qu'on ne fera, par cette bonne raison qu'il reste peu à faire. Nous ne parlons bien entendu, et nous le répétons, que des articles existants, faisant toute réserve pour ceux que la fantaisie ou le génie du fabricant pourra créer dans l'avenir.

La voie est ouverte en ce sens et on doit prévoir qu'elle sera pleine de surprises. C'est là, croyons-nous, que se rencontreront les nouveautés de l'avenir en ce qui concerne l'outillage ; bien plus dans la création d'articles nouveaux employant le matériel existant que dans l'amélioration de la production actuelle due à des machines nouvelles.

Dans un autre ordre d'idée, l'extrême concurrence des fabricants entre eux, conséquence immédiate de l'étroitesse du marché, a amené une dépréciation continuelle des prix et de la qualité. A ce point de vue, on est bien près d'atteindre les limites du possible. Dans un avenir prochain on abandonnera ces errements, et la spécialisation, à raison de quelques articles par fabrique, permettra de revenir aux vraies traditions du bon et du bon marché.

La machine n'est pas le seul élément de la fabrication ; il faut compter avec la main-d'œuvre, avec ses exigences, mises en éveil aujourd'hui, et qui iront toujours croissant.

Personne ne peut dire ce que l'avenir réserve en ce sens ; c'est l'inconnue redoutable de notre époque ; le problème est posé, la solution est encore à trouver. Pour beaucoup, elle est pleine de périls ; nous croyons cependant qu'on peut l'attendre sans crainte ; elle arrivera sans secousse, sans accidents, peu à peu, par la force des choses, grâce à la notion exacte des faits qu'un peuple vivant sous le régime de la liberté acquiert chaque jour davantage et en vertu de laquelle les utopies disparaissent pour faire place à la réalité.

Or, la réalité veut que le capital et le travail soient nécessaires l'un à l'autre, qu'ils ne soient rien l'un sans l'autre.
Aussi, malgré les efforts pour maintenir la dépendance de l'un,
malgré les tentatives ou les violences pour amener l'anéan-
tissement de l'autre, l'assagissement du premier et les conces-
sions du second rendront l'alliance de jour en jour plus
intime entre ces éléments, devenus primordiaux dans la vie
des peuples.

Le passé, sur ce point, n'est-il pas un gage de l'avenir?
Reportons-nous seulement à 1848. Comparons les rêves indé-
terminés, les conceptions irréfléchies de cette époque avec la
méthode, le tour d'esprit, apportés par le monde économique
actuel dans l'étude de la question sociale. Quelle évolution,
quel chemin parcouru en quarante-trois ans !

Ce rêve brutal, partagé du plus grand nombre, d'un boule-
versement de fond en comble de la société pour assurer la
justice et le bonheur universels, n'a plus que de rares adeptes,
rêveurs ou utopistes. A la place, degré par degré et pas à pas,
des lois mûries et discutées, fruits de la science et de l'instruction, sur les assurances, les retraites, l'hygiène, concourent
de plus en plus au bien-être et à l'égalité générale.

L'évolution s'est faite sans révolution. Pourquoi ne conti-
nuerait-elle pas dans les mêmes conditions? L'affirmative va
de pair avec la raison.

Si la fabrication doit attendre peu de l'avenir, il n'en est
pas de même de la partie commerciale où nos fabricants n'ont
fait que marquer le pas, sans avancer, durant les trente
dernières années. Pour n'en citer qu'un exemple, nous les
voyons pratiquer encore pour la recherche des affaires les
procédés aussi vicieux que coûteux d'il y a quarante ans.
En effet, en utilisant les services d'un représentant particulier,
ou, ce qui est pis encore, d'un représentant à la carte ou à
la commission, ils ont gardé tous les inconvénients des
relations trop directes entre le producteur et l'acheteur; le
premier continue à subir toutes les exigences du second;
comme autrefois, plus qu'autrefois peut-être, il est la dupe
de ses roueries et de ses subterfuges. L'avenir affranchira
certainement la production d'une telle servitude, et l'idée
nouvelle, mais qui n'est pas encore mûre, des musées
commerciaux, en fournira peut-être un des moyens.

De grandes modifications devront surgir dans les conditions de transport ; la première se réalisera à brève échéance ; elle imposera au producteur le *franco* de sa marchandise. On commence à le demander ; les plus adroits vendeurs sauront le concéder et en profiter pour l'extension de leurs affaires ; ce premier pas fait, la règle s'en généralisera et le temps est proche où l'on sourira de l'acheteur qui chargeait bénévolement de telles complications l'établissement de son prix de revient. Toutefois, avant de voir ce système s'établir, il faudra de nouveaux perfectionnements dans le mode d'exploitation de nos chemins de fer, il faudra surtout l'unification et la simplification de tarifs réclamées depuis si longtemps.

Le colis postal a été un grand pas fait dans cette voie. Est-il déraisonnable d'en supposer un autre en vertu duquel la tonne de marchandises coûterait le même prix pour aller de Paris à Versailles ou de Paris à Marseille? Nous ne le croyons pas et nous sommes prêts à admettre la possibilité de cette modification.

La lutte entre les deux écoles du libre-échangisme et du protectionnisme durera longtemps encore. Ce dernier système paraît prévaloir aujourd'hui ; mais avec le Bill Mac Kinley, cette énormité en fait d'économie commerciale qui autorise à dire des Américains qu'ils font grand en tout, le bien comme le mal ; avec les idées de protectionnisme, qui renaissent de toutes parts ; avec le stimulant provisoire des tarifs ultra protecteurs, on doit prévoir une période prochaine de surproduction. L'encombrement général suivra et devra causer un profond malaise chez les peuples producteurs, particulièrement en Europe. Réduites à leur propre marché, les nations de l'ancien monde devront faire de grands efforts pour trouver au loin le placement de leurs produits.

Dans cette voie, les découvertes récentes de l'Afrique seront d'un grand poids dans l'avenir commercial de l'Europe, et la bonneterie devra certainement trouver dans ces nouveaux pays des débouchés pour ses articles communs et bas prix.

Faut-il dire aussi que les tarifs douaniers devront disparaître complètement un jour ? La théorie veut que l'on réponde par l'affirmative et que la liberté commerciale devienne par la suite la règle commune.

Mais ceci est chose d'avenir et d'avenir plus éloigné que celui dont nous voulons essayer de soulever les voiles. Il faudrait l'établissement de l'union parfaite des peuples, il faudrait la disparition du système monarchique, il faudrait la la réalisation de cette conception qu'on doit regarder encore aujourd'hui comme une chimère : les Etats-Unis d'Europe. Ce serait enfin la cessation de la guerre, mais la guerre n'est-elle pas un mal nécessaire de l'humanité ?.....

Arrêtons-nous dans cette voie du rêve et de l'utopie et revenons à la réalité. Nous la retrouverons dans l'étude du patronat, dans celle de ses diverses formes, de leurs convenances, de leur avenir.

Le patronat est individuel ou collectif.

Le patronat individuel, pour la grande industrie du moins, — et nous n'entendons parler que de celle-là, — a fait son temps ; il n'est plus de notre époque, à plus forte raison il devrait être inutile d'en parler pour l'avenir. La possibilité toutefois de lui trouver encore des adeptes nous autorise à en faire rapidement le procès.

On peut poser en axiome que le chef de maison théoriquement parfait doit posséder aujourd'hui les connaissances les plus variées en administration industrielle, en matières commerciale et technique. Parmi toutes ces connaissances, il en est qui s'acquièrent, celles de la partie technique par exemple; les autres sont plutôt des dons naturels : on naît commerçant et administrateur, on le devient bien difficilement. Ce seul aléa suffit pour démontrer l'impossibilité presque absolue de trouver dans une individualité le chef parfait que nous réclamons et dont l'absence ou l'insuffisance se traduiront toujours par une direction mauvaise ou incomplète.

Supposons qu'il existe cependant avec toutes les qualités énumérées plus haut; l'âge, la fatigue, le forceront tôt ou tard à compter avec ses forces; il lui arrivera un jour de n'avoir plus l'énergie des jeunes; et, à une époque où le mot d'ordre sera de plus en plus : en avant, il pourra encore marcher, mais il ne pourra plus courir. Heureux encore si, à bout de souffle, il n'est pas forcé de s'arrêter au milieu de la carrière. De toutes manières, il court grand risque d'être dépassé par ceux qui auront plus de force et de capacités et, dès ce jour, la prospérité de sa maison peut être gravement atteinte.

Heureusement, nous lui avons supposé toutes les qualités ; entre toutes, il sera prévoyant : il a dû, par conséquent, songer à assurer l'avenir, à se préparer des successeurs. Simple en apparence, la solution de cette question est grosse de difficultés. Elle peut être la pierre d'achoppement de sa carrière industriellle.

S'il a un ou des fils, — encore faut-il leur supposer les aptitudes voulues, — son ambition bien légitime sera de leur transmettre son affaire ; il lui faudra alors compter avec les années d'instruction et nous ne parlons pas seulement de celles passées au Lycée ou dans les Ecoles, mais aussi de celles consacrées à des séjours à l'étranger, complément nécessaire de toute éducation commerciale aujourd'hui. Il lui faudra compter aussi avec les obligations du service militaire. Il attendra donc longtemps qu'ils puissent l'aider d'abord, le suppléer ensuite ; il est à craindre qu'en raison de la fatigue présumée dont nous parlions plus haut, il ne leur transmette qu'une affaire, sinon compromise, du moins fort arriérée. La sagesse, la raison lui commandent dès lors de mettre un intermédiaire entre lui et les siens. Il lui faut faire appel ainsi au concours d'étrangers ; à plus forte raison, il y sera amené s'il n'a pas, parmi ses proches, les successeurs directs que nous venons de supposer.

De toutes manières donc, dans le patronat individuel, il arrivera un moment où se poseront les questions de cession d'immeubles, de matériel, de marchandises, de créances, etc.

Les meilleures conditions seront celles où elles se débattront entre le père et les fils ; souvent encore, en ce cas, elles se compliqueront des intérêts d'autres enfants ne participant pas à l'affaire ; mais avec des étrangers les difficultés surgiront de tous côtés ; il y aura, en présence, des intérêts diamétralement opposés ; les théories égoïstes de l' « après moi le déluge, » du « moi d'abord, les autres ensuite » prévaudront. Il y aura des froissements, des séparations, conséquences inévitables de prétentions injustes, parfois même déloyales ; dans tous les cas, de telles divisions seront préjudiciables à l'avenir de l'affaire ; ses progrès, son développement, pourront être entravés, quelquefois pour toujours, le plus souvent pour plusieurs années.

Nous laissons encore de côté, parmi ces considérations, les complications auxquelles peut entraîner le décès du patron isolé. C'est cependant le cas le plus fréquent; c'est aussi celui, qu'avec l'insouciance si naturelle à l'homme, il écarte le plus de ses préoccupations. Nous ne supposons pas, enfin, qu'il s'arrête à l'idée de laisser décroître son affaire jusqu'à la liquider; nous admettons, au contraire, qu'il a l'ambition de laisser quelque chose après lui de ses peines et de son travail.

Ces raisons sont majeures; rien à notre sens ne peut prévaloir contre elles, et il doit être acquis maintenant que le patronat individuel est non seulement impraticable dans les conditions actuelles de l'industrie, mais qu'il est un danger, une source assurée de difficultés pour celui qui voudrait l'assumer.

La marche des choses a bien justifié d'ailleurs notre raisonnement. Regardons en arrière, et nous verrons que si, jusqu'en 1860, le patronat individuel a pu suffire aux besoins de l'époque, il a dû disparaître et faire place au patronat collectif à partir de cette date; elle coïncidait avec l'apparition du travail en atelier, et, pour répondre aux exigences des nouveaux établissements, il fallut tout à la fois allier des capitaux et des intelligences. C'est ainsi qu'avec le régime des sociétés en nom collectif, nous avons vu grandir notre industrie dans les trente dernières années; il a permis l'édification de nombreuses usines, et leur importance témoigne de sa force et de sa vitalité actuelles.

Cette nouvelle forme du patronat persistera-t-elle? Peut-on dire avec raison qu'elle répondra aux nécessités de l'avenir? Nous répondons hardiment que non. C'est le dernier point, d'ailleurs, que nous nous proposons d'examiner.

Quels sont, en effet, les avantages de la société en nom collectif? Quels sont ses inconvénients?

Le bilan en est facile à dresser.

Les avantages sont en petit nombre et nous n'en voyons guère plus de deux à signaler : l'alliance des capitaux et la réunion de compétences diverses.

Considérables en eux-mêmes, ils établissent, le dernier surtout, une supériorité marquée de la société en nom collectif sur le patronat individuel; malheureusement, tous les autres inconvénients de ce dernier persistent, la même cause entraînant les mêmes effets. Par suite de sa durée limitée, la société en nom collectif n'assure pas plus l'avenir que le patronat individuel; comme lui elle le laisse incertain, et à son échéance on retrouvera les mêmes difficultés de cession (l'impossibilité même pourra s'en faire sentir si l'affaire est trop importante); mêmes difficultés aussi pour l'accessibilité des successeurs futurs, pour la dotation d'enfants non intéressés dans l'affaire; complications possibles et des plus graves en cas de mort d'un associé, si elle entraîne des retraits de capitaux, tout au moins responsabilités financières considérables pour les associés restants.

Il y a donc quelque chose de mieux que la société en nom collectif à durée limitée, il y a la société anonyme. C'est à notre avis le grand changement que nous réserve l'avenir, celui que nous appelons de tous nos vœux, parce qu'il sera la preuve indéniable de la prospérité de notre industrie et le gage de sa continuité. En effet, la société anonyme supprime tous les inconvénients du patronat individuel ou de la société collective, en même temps qu'elle en garde les avantages: l'union des capitaux, des intelligences, est acquise; mais avant tout l'avenir est assuré: plus de probabilités de cession ou de partage avec leur cortège de difficultés ou d'impossibilités, plus de retrait de capitaux en cas de mort d'un associé, partant, plus de responsabilité personnelle pour les autres; transmissibilité de fortune à des tiers, facile et toujours possible à réglementer; accès facile d'intéressés et de futurs administrateurs; l'expérience de chacun devient, pour ainsi dire, partie intégrante du fonds social; la tradition s'en empare, la fait subsister, elle ne risque pas de disparaître avec l'affaire elle-même, s'il survient une liquidation, ou d'être simplement oubliée si l'affaire passe entre des mains étrangères.

Nous avons entendu, cependant, faire contre la société anonyme l'objection suivante: l'anonymat fait disparaître le nom patronymique. Simple préoccupation d'amour-propre, répondrons-nous, qui doit s'effacer devant l'ensemble d'avantages que nous avons montrés plus haut.

On nous a dit aussi: les intéressés d'une société anonyme ne fournissent pas la même somme d'efforts que si l'affaire leur appartenait en propre. Opinion des temps passés, répondrons-nous encore ; le même reproche, en tous cas, devrait s'adresser aux sociétés en nom collectif, et l'expérience a prouvé le contraire. Ces objections sont sans valeur, et nous ne pensons pas qu'il faille s'y arrêter ; nous souhaitons au contraire à nos sociétés actuelles en nom collectif leur prompte transformation en sociétés anonymes. Nous allons plus loin, nous estimons que, dans un avenir prochain, il sera difficile d'en constituer d'autres.

On ne peut guère espérer, en effet, voir augmenter le rapport actuel des capitaux engagés dans l'industrie. Les probabilités sont plutôt pour qu'il aille encore en diminuant ; ce qu'il en restera en tous cas, après prélèvement des sommes nécessaires aux services d'intérêt et d'amortissement, sera insuffisant pour entreprendre de nouveaux développements.

Un établissement créé de toutes pièces avec de faibles ressources — celles que l'on trouve plus généralement chez les individualités — ne pourra donc, sauf le cas très rare de procédés ou d'articles nouveaux à exploiter, croître avec ses seuls bénéfices : il sera condamné à végéter.

D'un autre côté, nous ne croyons pas à l'immobilisation de grandes fortunes personnelles pour fonder des établissements avec les proportions et les exigences que commandera l'avenir. On retrouverait d'ailleurs dans ce mode de faire tous les inconvénients du patronat individuel. Puisqu'il faut écarter, nous l'avons démontré, la société en nom collectif, et avec plus de raison encore la société en commandite qui, en réalité, n'est qu'une forme du patronat individuel, il ne reste plus, pour mettre en œuvre les capitaux étrangers auxquels il faudra forcément faire appel, que le système des actions et des obligations ; c'est alors que les sociétés anonymes entreront nécessairement en ligne.

Il y aura des déboires pour commencer. Tel établissement nouvellement créé pourra succomber sous le poids des charges d'installation, d'insuffisance du personnel, qui marqueront ses débuts ; mais là où une individualité isolée disparaîtrait à jamais, une société anonyme pourra facilement revivre, les pertes réparties sur un grand nombre ne seront un coup mortel pour personne et, après les sacrifices du début, si sacrifices il doit y avoir, les années de prospérité pourront reparaître.

D'ici là, d'ailleurs, notre éducation commerciale et industrielle sera complétée ; nous aurons des ingénieurs capables de construire économiquement et bien ; nous aurons des praticiens émérites, des commerçants consommés. Il n'y a, d'ailleurs, ni science, ni mérite dans ces prédictions : regardons l'industrie anglaise, en avance de trente ans sur la nôtre ; ses conditions actuelles, celles que nous venons de définir, seront également les nôtres dans trente ans.

Enfin, et nous terminerons par cette considération : la société anonyme est la seule forme du patronat qui puisse faciliter dans l'avenir les relations entre le capital et le travail.

Aux plus intelligents, aux plus capables de ses collaborateurs, elle permet l'accession des premières places ; par des inventaires établis au grand jour, elle facilite l'attribution à son personnel de prélèvements sur ses bénéfices ; en cas de revendications mal fondées, elle peut résister mieux que tout autre ; il n'y a pas d'amour-propre personnel en jeu, pas d'intérêts particuliers opposés. Nous ne saurions mieux faire d'ailleurs, pour bien mettre en lumière cette idée, que de citer l'opinion d'un éminent économiste, M. Georges Michel :

« Un établissement industriel ou commercial est instable et l'instabilité est incompatible avec les libéralités à longue échéance. Or, cette instabilité n'existe pas, au moins d'une façon générale, pour les sociétés anonymes dont la durée est assurée et qui peuvent graduer les charges qu'elles laissent à l'avenir. Si l'on ajoute qu'une collectivité d'actionnaires ou d'obligataires sera toujours plus portée à la générosité qu'un particulier, parce que le sacrifice est pour elle moins direct, moins palpable que pour un patron qui a gagné péniblement son argent et qui a quelque peine à s'en séparer, on comprendra que les grandes entreprises industrielles sont plus libérales et plus disposées à améliorer le sort des travailleurs qu'un patron isolé et réduit à ses seules forces. »

PIÈCES JUSTIFICATIVES

A

Statistique de la production de l'arrondissement industriel de la ville de Troyes, pour l'année 1864, par J. Gréau.

L'arrondissement de Troyes possédait alors :

1495 métiers pour	bas et tricots de coton.
265 —	—	bas et pantalons à côte.
450 —	—	tricots divers, grosses côtes, etc.
400 —	—	tricots circulaires.
500 —	—	bas et gants de fil d'Ecosse.
100 —	—	bas et gants cachemire.
200 —	—	bas et gants bourre de soie.
100 —	—	mitaines de laine.

Total : 3.510

L'arrondissement de Nogent-sur-Seine comptait :

1950 métiers pour	bas ou chaussettes coupés coton.
50 —	—	tricots grosses côtes coton.
400 —	—	bas, chaussettes coton.
800 —	—	tricots larges coton.
100 —	—	— circulaires coton.
100 —	—	bas et guêtres en laine.

Total : 3.400

Dans l'arrondissement d'Arcis-sur-Aube on trouvait :

1946 métiers pour	bas et tricots divers.
900 —	—	bas et gants de fil d'Ecosse.
200 —	—	bas et gants de cachemire.
400 —	—	bas et gants bourre de soie.

Total : 3.446

Les arrondissements de Bar-sur-Seine et de Bar-sur-Aube comptaient enfin, à eux deux, 45 métiers pour bas et chaussettes.

Soit un total, pour le centre industriel de Troyes, de 10.401 métiers.

Ce matériel, d'une valeur de 4.500.000 fr. environ, employait 2.000.000 de kilog. de matière première, coûtant 17.300.000 fr.

Cette industrie occupait 31.000 personnes, hommes, femmes et enfants.

Le salaire des ouvriers variait de 0 fr. 75 à 2 fr. ; celui des femmes ou enfants de 0 fr. 40 à 0 fr. 75.

M. Gréau n'évalue pas la production du département de l'Aube; on peut, néanmoins, la déduire des chiffres qu'il fournit.

Il suffit, en effet, d'ajouter au coût de la matière première, soit 17.300.000 fr., le prix des salaires augmenté du montant des frais généraux.

Or, M. Gréau indique comme travaillant dans la bonneterie:

11.000 hommes, à 1 fr. 25 par jour ou 375 fr. par an, en moyenne, soit..............	4.125.000 fr.
20.000 femmes ou enfants, à 0 fr. 45 par jour ou 135 fr. par an, en moyenne, soit......	2.700.000
Au total............	6.825.000

On aurait ainsi:

Matières premières..............	17.300.000 fr.
Salaires......,.......·..........	6.825.000
Frais généraux, qu'on peut évaluer à 10 % d'après l'organisation industrielle de l'époque.......	682.500
Soit un total de.........	24.807.500 fr.
ou en chiffres ronds.................	25.000.000 fr.

Il faut remarquer, toutefois, que tous les calculs de M. Gréau sont faits dans l'hypothèse d'un travail régulier, pendant toute l'année, sans chômage. Or, les choses étaient loin de se passer ainsi; le travail en ateliers n'existait, pour ainsi dire, point et les arrêts devaient être nombreux et fréquents. En réduisant le chiffre ci-dessus d'un 1/3 ou d'un 1/4 nous serions assurément dans la vérité. Dans ces conditions, la production annuelle de la bonneterie dans le département de l'Aube eût été de 18.000.000 (prix de revient en fabrique).

La production totale de la France peut être évaluée, dans les mêmes conditions, à 55 millions environ, chiffre en rapport avec celui que nous trouverons plus tard, en 1862, et qui était de 70 millions de francs.

B

Il nous a paru intéressant de rapprocher les chiffres de production à différentes époques.

En 1862, la production totale de la France était estimée à					70.000.000
En 1867,	—	—	—	—	120.000.000
En 1878,	—	—	—	· —	150.000.000
En 1889,	—	—	—	—	175.000.000

Le chiffre de 1862 nous est fourni par Laboulaye (Dictionnaire des arts et manufactures, Verbo *Bonneterie*). Ceux de 1867 et de 1878 sont

tirés des rapports des Expositions correspondantes ; celui de 1889 est dû
à notre propre appréciation. Ces chiffres ne sont qu'approximatifs ; ils
perdent de plus une grande partie de leur intérêt au point de vue com-
paratif, par ce fait qu'il est impossible de dire s'ils ont été établis avec
les mêmes bases et quelles sont ces bases.

Représentent-ils la valeur des articles en fabrique, ou au contraire le
prix payé par le consommateur? Nous ne saurions le dire. Ce dernier
serait le plus intéressant, car il représenterait véritablement la somme
des transactions auxquelles ces articles ont donné lieu. Néanmoins, à
cause des difficultés d'appréciation qu'on rencontrerait dans cette voie,
nous pensons que nos prédécesseurs, dont nous avons cru d'ailleurs
suivre l'exemple, se sont arrêtés au chiffre de vente en fabrique; c'est
donc celui que nous avons cherché aussi à évaluer.

En tous cas, qu'il s'agisse de l'un ou de l'autre, il faudrait, pour établir
une comparaison rationnelle, tenir compte de la dépréciation considérable survenue surtout dans ces vingt dernières années. Elle peut, sans
exagération, être évaluée à 35 % pour la période de 1878 à 1889, et à 60 %
pour celle de 1867 à 1878.

Dans le chiffre de 175 millions, représentant la production en 1889,
nous faisons figurer celle du département de l'Aube pour 60 millions.
Nous avons trouvé les éléments de ce chiffre en totalisant le tonnage des
marchandises expédiées par les gares des divers centres de production
du département, et en attribuant la valeur vénale unique en fabrique de
7 fr. 50 au kil. à la marchandise de coton, celle de 15 fr. à la marchandise de laine et celle de 100 fr. à la marchandise de schappe ou de soie [1].

A ces mêmes dates, nos exportations ont été de :

7.000.000	en	1862;
24.000.000	en	1867;
25.000.000	en	1878;
49.000.000	en	1887;
43.000.000	en	1888;
47.000.000	en	1889.

Nos importations de :

700.000	en	1867;
3.400.000	en	1878;
11.000.000	en	1887;
9.000.000	en	1888;
8.000.000	en	1889;

---

[1] Il est important de noter combien les appréciations, à propos de ces chiffres, sont diffi-
ciles et sujettes à variations; les chiffres ci-dessus se rapprochent cependant sensiblement
de ceux qui ont été adoptés par la Commission permanente des valeurs en douane
pour l'année 1890, et qui étaient :

Pour le coton.................   8 fr. 75.
Pour la laine.................   15 fr. 40.
Pour la soie.................   102 fr. 50.

Nous n'avons pu nous procurer le chiffre de l'année 1862.

La plus-value du chiffre d'importation de 1887 sur celui de 1888 a été due aux articles de laine de provenance allemande, principalement au jersey. Il faut remarquer aussi que les chiffres de 1867 et de 1878 proviennent de déclarations faites sous le régime *ad valorem* et que, bien certainement, ils sont au-dessous de la réalité. Constatons enfin, avec satisfaction, la décroissance de nos importations dans ces trois dernières années et la reprise de nos exportations en 1889.

INDEX BIBLIOGRAPHIQUE

Le Livre des Métiers, d'Etienne Boileau (*Histoire générale de Paris :
Les Métiers et Corporations de la ville de Paris,* xiiie siècle), par
René de Lespinasse et François Bonnardot. — Paris, 1879.

Règlements sur les Arts et les Métiers de Paris, rédigés au xiiie siècle
et connus sous le nom de *Livre des Métiers d'Etienne Boileau,*
par Depping. — Paris, 1837.

Histoire de la ville de Troyes et de la Champagne méridionale, par
T. Boutiot. — Troyes, 1875.

*Statistique de la Production de l'arrondissement industriel de la ville
de Troyes,* pour l'année 1846, par M. Gréau aîné. — Troyes, 1848.

Troyes et ses Environs, guide historique et topographique, par
M. Amédée Aufauvre. — Troyes, 1860.

Histoire des Expositions de l'Industrie française, par Achille de
Colmont. — Paris, 1855.

Congrès scientifique de France, 31e session. — Troyes, 1865.

Travaux de la Commission française sur l'industrie des nations à
l'Exposition universelle de 1851. — Paris, 1854.

Bulletin de la Société Industrielle de Mulhouse, juin-juillet 1889.

Histoire des Classes ouvrières en France, par M. Levasseur. —
Paris, 1859.

Rapport du Jury (Exposition de 1819).

Rapport du Jury (Exposition de 1823).

Rapport du Jury central sur les produits de l'Industrie française
(Exposition de 1827).

Rapport du Jury central (Exposition de 1834)

Rapport du Jury central (Exposition de 1839).

Rapport du Jury central (Exposition de 1844).

Rapports du Jury mixte international (Exposition universelle de 1855).

Rapports du Jury international à l'Exposition universelle de 1867.

Delarothière, inventeur mécanicien à Troyes. Etude sur ses travaux,
par Julien Gréau. — Troyes, 1867.

*Les Exposants du département de l'Aube à l'Exposition universelle
de 1867,* par MM. Argence et Blerzy. — Paris, 1869.

History of the machine wrought Hosiery and Lace manufacture, par
Felkin. — Cambridge, 1867.

Hosiery and Lace trades Review, novembre 1889.

Die Technologie der Wirkerei, par Willkomm. — Leipsick, 1875.
Traduction anglaise par Rowlett.

Dictionnaires de Laboulaye, Quicherat, Littré, Alcan.

TABLE DES MATIÈRES

———

TROYES — IMPRIMERIE DUFOUR-BOUQUOT

·

.

IMPRIMERIE DUFOUR-BOUQUOT

TROYES.

www.ingramcontent.com/pod-product-compliance
Lightning Source LLC
Chambersburg PA
CBHW071456200326
41519CB00019B/5762